王国维的美学课

WANG GUOWEI DE

MEIXUE KE　　王国维 著

时代出版传媒股份有限公司
安徽文艺出版社

图书在版编目（CIP）数据

王国维的美学课/王国维著.—合肥：安徽文艺出版社,2024.5
ISBN 978-7-5396-8060-6

Ⅰ.①王… Ⅱ.①王… Ⅲ.①王国维（1877-1927）—美学思想—研究 Ⅳ.①B83

中国国家版本馆 CIP 数据核字(2024)第 077680 号

出 版 人：姚 巍	丛书策划：秦知逸
责任编辑：秦知逸	装帧设计：赵 梁

出版发行：安徽文艺出版社　　www.awpub.com
地　　址：合肥市翡翠路 1118 号　邮政编码：230071
营 销 部：(0551)63533889
印　　制：安徽新华印刷股份有限公司　　(0551)65859551

开本：880×1230　1/32　印张：6.5　字数：140 千字
版次：2024 年 5 月第 1 版
印次：2024 年 5 月第 1 次印刷
定价：32.00 元

（如发现印装质量问题，影响阅读，请与出版社联系调换）

版权所有，侵权必究

出版前言

王国维(1877—1927),字静安,号观堂。一方面,他自幼受传统教育,在辛亥革命之后依然穿着长袍马褂,拖着辫子,在词曲戏剧、中国历史、甲骨文、敦煌文书、金石考古等方面有极大的成就;另一方面,他深受西学熏陶,曾经赴日本留学,回国后大量翻译、介绍西方的哲学、教育学、文学、美学思想和作品。他提出的"二重证据法",即运用地下出土的考古材料与流传的文献材料相互印证的考证古史的方式,如今已是考古学界的通行标准;他在向国内介绍西方哲学的同时,用西方哲学的观念、方法对中国哲学问题进行梳理,推动了中国哲学的学科建构;而在美学上,他将西方美学观点融入中国美学研究中,对中国古典美学向现代美学的转变起到了承上启下的作用。

本书选文聚焦王国维在美学上的成果,包含了其最重要的美学作品《人间词话》,其中的核心理论"境界"说,既有对中国古典文艺美学理论的总结,又有对西方美学概念的吸收,极为完善、系统和深刻。此外,本书还选录了一些美学教育、文艺评论方面的文章,有利于读者全面理解王国维的美学思想。

本书中的插图选择的是宋代绘画名作,从视觉艺术的角度与王国维的"境界"之说相呼应。山水画体现的是"落日照大旗,马鸣风萧萧"的大境界,花鸟画体现的是"细雨鱼儿出,微风燕子斜"的小境界,然而都是真情真境,令人感到余味无穷。

在编校过程中,本书遵循以下原则:

1. 由于所涉篇目写作时代较早,为了保留当时的语言特点和作者本人的语言风格,对原文的语言表述不做修改,但对于明显的错别字、英文单词拼写错误等,则径改。标点符号的使用完全依现行标准。

2. 早期外国人名、地名的翻译与现代通行译法有较大的区别。为了便于读者阅读,本书中常见人名、地名,直接改为现行译法,不再另行出注。

3. 文中需要注释的内容,编者以脚注形式标示。

目　录

第一课　人间词话

人间词话 / 003

人间词话删稿 / 029

《人间词话》附录 / 050

第二课　美学教育

论教育之宗旨 / 067

文学与教育 / 070

论小学校唱歌科之教材 / 072

孔子之美育主义 / 074

霍恩氏之美育说 / 079

第三课　美学漫谈

屈子文学之精神 / 091

人间嗜好之研究 / 096

文学小言 / 102

叔本华与尼采 / 110

论哲学家与美术家之天职 / 127

古雅之在美学上之位置 / 131

与罗振玉论艺书 / 137

与铃木虎雄论诗书 / 146

《红楼梦》评论 / 149

宋元戏曲考（节选）/ 177

/ # 第一课　人间词话

人间词话

一

词以境界为最上。有境界则自成高格,自有名句。五代北宋之词所以独绝者在此。

二

有造境,有写境,①此理想与写实二派之所由分。然二者颇难分别,因大诗人所造之境必合乎自然,所写之境亦必邻于理想故也。

三

有有我之境,有无我之境。"泪眼问花花不语,乱红飞过秋

---

① 造境:想象的意境。写境:写实的意境。

千去"①"可堪孤馆闭春寒,杜鹃声里斜阳暮"②,有我之境也。"采菊东篱下,悠然见南山"③"寒波澹澹起,白鸟悠悠下"④,无我之境也。有我之境,以我观物,故物皆著我之色彩。无我之境,以物观物,故不知何者为我,何者为物。古人为词,写有我之境者为多,然未始不能写无我之境,此在豪杰之士能自树立⑤耳。

四

无我之境,人唯于静中得之。有我之境,于由动之静时得之。故一优美,一宏壮也。

五

自然中之物,互相关系,互相限制。然其写之于文学及美术中也,必遗其关系、限制之处。故虽写实家亦理想家也。又虽如何虚构之境,其材料必求之于自然,而其构造亦必从自然之法则。故虽理想家亦写实家也。

---

① 出自南唐词人冯延巳《鹊踏枝》(庭院深深深几许)。
② 出自北宋词人秦观《踏莎行·郴州旅舍》。
③ 出自东晋诗人陶潜《饮酒》之五。
④ 出自金元之际文学家元好问《颍亭留别》。
⑤ 自树立:不因循他人,独树一帜。指出色的词人,可以不因循"写有我之境"的旧例,而创造"无我之境"。

六

境非独谓景物也,喜怒哀乐,亦人心中之一境界。故能写真景物、真感情者,谓之有境界,否则谓之无境界。

七

"红杏枝头春意闹"①,著一"闹"字而境界全出。"云破月来花弄影"②,著一"弄"字而境界全出矣。

八

境界有大小,不以是而分优劣。"细雨鱼儿出,微风燕子斜"③,何遽④不若"落日照大旗,马鸣风萧萧"⑤。"宝帘闲挂小银钩"⑥,何遽不若"雾失楼台,月迷津渡"⑦也。

---

① 出自北宋词人宋祁《玉楼春·春景》。
② 出自北宋词人张先《天仙子》(水调数声持酒听)。
③ 出自唐代诗人杜甫《水槛遣心二首》之一。
④ 何遽(jù):怎么。表反问。
⑤ 出自杜甫《后出塞五首》之二。
⑥ 出自秦观《浣溪沙》(漠漠轻寒上小楼)。
⑦ 出自秦观《踏莎行·郴州旅舍》。

九

严沧浪①《诗话》谓:"盛唐诸公②,唯在兴趣③。羚羊挂角,无迹可求。故其妙处,透澈玲珑,不可凑拍④。如空中之音、相中之色、水中之影⑤、镜中之象,言有尽而意无穷。"余谓:北宋以前之词,亦复如是。然沧浪所谓兴趣,阮亭所谓神韵,犹不过道其面目,不若鄙人拈出"境界"二字,为探其本也。

十

太白纯以气象胜。"西风残照,汉家陵阙"⑥,寥寥八字,遂关千古登临之口。后世唯范文正⑦之《渔家傲》,夏英公⑧之《喜迁莺》,差足继武⑨,然气象已不逮矣。

---

① 即严羽,号沧浪逋客,南宋诗论家,著有诗评集《沧浪诗话》。
② 现行本多作"盛唐诸人"。
③ 兴:由外物引起的内在感情。趣:诗歌中的韵味。
④ 此句现行本多作"透彻玲珑,不可凑泊"。凑泊,拼凑。
⑤ 现行本多作"水中之月"。
⑥ 出自唐代诗人李白《忆秦娥》(箫声咽)。
⑦ 即范仲淹,谥号"文正",北宋文学家、政治家。
⑧ 即夏竦(sǒng),曾封英国公,北宋名臣、文学家。
⑨ 继武:继承前人的事业。

十一

张皋文①谓飞卿②之词"深美闳约"③。余谓此四字唯冯正中④足以当之。刘融斋⑤谓飞卿"精艳绝人"⑥,差近之耳。

十二

"画屏金鹧鸪"⑦,飞卿语也,其词品似之。"弦上黄莺语"⑧,端己语也,其词品亦似之。正中词品,若欲于其词句中求之,则"和泪试严妆"⑨,殆近之欤?

---

① 即张惠言,字皋文,清代词人、经学家。
② 即温庭筠,字飞卿,唐代诗人、词人。
③ 出自张惠言《词选序》。
④ 即冯延巳,字正中。
⑤ 即刘熙载,号融斋,清代文学家。
⑥ 出自刘熙载《艺概》。现行本多作"精妙绝人"。
⑦ 出自温庭筠《更漏子》(柳丝长)。
⑧ 出自韦庄《菩萨蛮》(红楼别夜堪惆怅)。韦庄,字端己,唐末五代诗人、词人。
⑨ 出自冯延巳《菩萨蛮》(娇鬟堆枕钗横凤)。

十三

南唐中主词"菡萏香销翠叶残,西风愁起绿波间"①,大有众芳芜秽,美人迟暮之感。乃古今独赏其"细雨梦回鸡塞远,小楼吹彻玉笙寒"②,故知解人正不易得。

十四

温飞卿之词,句秀也。韦端己之词,骨秀也。李重光③之词,神秀也。

十五

词至李后主而眼界始大,感慨遂深,遂变伶工④之词而为士大夫之词。周介存⑤置诸温韦之下,可谓颠倒黑白矣。"自是人

---

① 出自李璟《摊破浣溪沙》(菡萏香销翠叶残)。李璟,南唐皇帝、词人。
② 出自李璟《摊破浣溪沙》(菡萏香销翠叶残)。
③ 即李煜,字崇光,世称"南唐后主",南唐末代皇帝、词人。
④ 伶工:乐师。
⑤ 即周济,字介存,清代词论家,著有《介存斋论词杂著》。

生长恨水长东"①,"流水落花春去也,天上人间"②。《金荃》③《浣花》④,能有此气象耶?

十六

词人者,不失其赤子之心者也。故生于深宫之中,长于妇人之手,是后主为人君所短处,亦即为词人所长处。

十七

客观之诗人不可不多阅世,阅世愈深,则材料愈丰富、愈变化,《水浒传》《红楼梦》之作者是也。主观之诗人不必多阅世,阅世愈浅,则性情愈真,李后主是也。

十八

尼采谓:"一切文学,余爱以血书者。"后主之词,真所谓以血书者也。宋道君皇帝⑤《燕山亭》词亦略似之。然道君不过自

---

① 出自李煜《乌夜啼》(林花谢了春红)。
② 出自李煜《浪淘沙令》(帘外雨潺潺)。
③ 《金荃集》为温庭筠别集。
④ 《浣花集》为韦庄别集。
⑤ 即宋徽宗赵佶,书画技艺高超。

道身世之戚,后主则俨有释迦、基督担荷人类罪恶之意,其大小固不同矣。

十九

冯正中词虽不失五代风格,而堂庑①特大,开北宋一代风气。与中、后二主词皆在《花间》②范围之外,宜《花间集》中不登其只字也。

二十

正中词除《鹊踏枝》《菩萨蛮》十数阕最煊赫外,如《醉花间》之"高树鹊衔巢,斜月明寒草",余谓韦苏州之"流萤渡高阁"③、孟襄阳之"疏雨滴梧桐"④不能过也。

---

① 堂庑(wǔ):屋宇。比喻作品的意境和规模。
② 《花间集》为五代后蜀赵崇祚编,收录晚唐至五代词。风格上辞藻华丽、词风香艳。
③ 出自韦应物《寺居独夜寄崔主簿》。韦应物,唐代诗人,曾任苏州刺史,世称"韦苏州"。
④ 《全唐诗》录孟浩然断句"微云淡河汉,疏雨滴梧桐"。孟浩然,唐代山水诗人,为襄州襄阳(今湖北省襄阳市)人,世称"孟襄阳"。

二十一

欧九①《浣溪沙》词:"绿杨楼外出秋千。"晁补之谓:只一"出"字,便后人所不能道。余谓此本于正中《上行杯》词"柳外秋千出画墙",但欧语尤工耳。

二十二

梅圣俞②《苏幕遮》词:"落尽梨花春事了。满地斜阳③,翠色和烟老。"刘融斋谓少游一生似专学此种。余谓冯正中《玉楼春》词:"芳菲次第长相续,自是情多无处足。尊前百计得春归,莫为伤春眉黛蹙。"永叔一生似专学此种。④

---

① 即欧阳修,北宋政治家、文学家。因在家族中排行第九,故称"欧九"。
② 即梅尧臣,字圣俞,北宋诗人。王国维原稿中"圣俞"皆误作"舜俞",此书中皆径改。
③ 现行本多作"落尽梨花春又了。满地残阳"。
④ 冯延巳(正中)《玉楼春》似当为欧阳修《玉楼春》,文字略有出入,此段作"芳菲次第还相续,不奈情多无处足。尊前百计得春归,莫为伤春歌黛蹙"。北宋词集《尊前集》中将其作为冯延巳词,此处原文文字亦同《尊前集》中所录,但此词不见于冯延巳别集《阳春集》。欧阳修,字永叔,王国维称"永叔一生似专学此种",应也是察觉到此词与欧阳修风格的一致。另,《人间词话》手稿中,此处"永叔"原作"少游"(秦观,字少游),"永叔"当为作者发表时所改。

二十三

人知和靖①《点绛唇》、圣俞《苏幕遮》、永叔《少年游》三阕为咏春草绝调。不知先有正中"细雨湿流光"②五字,皆能摄春草之魂者也。

二十四

《诗·蒹葭》一篇,最得风人深致③。晏同叔之"昨夜西风凋碧树,独上高楼,望尽天涯路"④,意颇近之。但一洒落,一悲壮耳。

二十五

"我瞻四方,蹙蹙靡所骋"⑤,诗人之忧生也。"昨夜西风凋

---

① 即林逋,谥号"和靖先生",北宋隐逸诗人。
② 出自冯延巳《南乡子》(细雨湿流光)。
③ 风人深致:诗人的深远意趣。
④ 出自晏殊《蝶恋花》(槛菊愁烟兰泣露)。晏殊,字同叔,北宋政治家、文学家。
⑤ 出自《诗经·小雅·节南山》。这句的大意是:"我环顾四方,不知道要向哪个方向去。"

碧树,独上高楼,望尽天涯路"似之。"终日驰车走,不见所问津"①,诗人之忧世也。"百草千花寒食路,香车系在谁家树"②似之。

二十六

古今之成大事业、大学问者,必经过三种之境界。"昨夜西风凋碧树,独上高楼,望尽天涯路",此第一境也。"衣带渐宽终不悔,为伊消得人憔悴"③,此第二境也。"众里寻他千百度,回头蓦见,那人正在、灯火阑珊处"④,此第三境也。此等语皆非大词人不能道。然遽以此意解释诸词,恐晏、欧诸公所不许也。

二十七

永叔"人间自是有情痴,此恨不关风与月""直须看尽洛城

---

① 出自陶潜《饮酒》之二十。这句讽刺世人为名利奔忙,而不知访贤问礼。
② 出自冯延巳《鹊踏枝》(几日行云何处去)。此词本写思妇怀人,王国维这里似将此句理解为人们因战乱流离失所,所以是"忧世"——为世事而忧虑。
③ 出自北宋词人柳永《凤栖梧》(伫倚危楼风细细)。
④ 出自辛弃疾《青玉案·元夕》。现多作:"众里寻他千百度。蓦然回首,那人却在、灯火阑珊处。"辛弃疾,南宋爱国诗人、词人。

花,始与东风容易别"①,于豪放之中有沉着之致,所以尤高。

二十八

冯梦华《宋六十一家词选·序例》谓:"淮海②、小山③,古之伤心人也。其淡语皆有味,浅语皆有致。"余谓此唯淮海足以当之。小山矜贵有余,但可方驾④子野⑤、方回⑥,未足抗衡淮海也。

二十九

少游词境最为凄婉。至"可堪孤馆闭春寒,杜鹃声里斜阳暮",则变而凄厉矣。东坡赏其后二语⑦,犹为皮相。

---

① 出自欧阳修《玉楼春》(尊前拟把归期说)。现行本多作"人生自是有情痴""始共春风容易别"。
② 即秦观,号淮海居士。
③ 即晏几道,号小山,北宋词人。
④ 方驾:两车并行,引申为媲美。
⑤ 即张先,字子野。
⑥ 即贺铸,字方回,北宋词人。
⑦ 东坡即苏轼,号东坡居士,北宋文学家。此条所引秦观《踏莎行·郴州旅舍》,"后二语"为"郴江幸自绕郴山,为谁流下潇湘去"。

三十

"风雨如晦,鸡鸣不已"①"山峻高以蔽日兮,下幽晦以多雨。霰雪纷其无垠兮,云霏霏而承宇"②"树树皆秋色,山山尽落晖"③"可堪孤馆闭春寒,杜鹃声里斜阳暮",气象皆相似。

三十一

昭明太子称陶渊明诗"跌宕昭彰,独超众类。抑扬爽朗,莫之于京"④。王无功称薛收赋"韵趣高奇,词义晦远。嵯峨萧瑟,真不可言"⑤。词中惜少此二种气象,前者唯东坡,后者唯白石⑥,略得一二耳。

---

① 出自《诗经·郑风·风雨》。
② 出自《楚辞·九章·涉江》。
③ 出自初唐诗人王绩《野望》。现行本多作"山山唯落晖"。
④ 出自萧统为《陶渊明集》所作序。昭明太子,即萧统,南朝梁文学家,编纂《文选》。
⑤ 出自王绩《答冯子华处士书》。王绩,字无功。薛收,唐初谋臣。
⑥ 即姜夔,号白石道人,南宋词人。

三十二

词之雅郑①,在神不在貌。永叔、少游虽作艳语,终有品格。方之美成②,便有淑女与倡伎之别。

三十三

美成深远之致不及欧秦③。唯言情体物,穷极工巧,故不失为第一流之作者。但恨创调之才多,创意之才少耳。

三十四

词忌用替代字。美成《解语花》之"桂华流瓦",境界极妙,惜以"桂华"二字代"月"耳。梦窗④以下,则用代字更多。其所以然者,非意不足,则语不妙也。盖意足则不暇代,语妙则不必代。此少游之"小楼连苑""绣毂雕鞍"所以为东坡所讥也⑤。

---

① 雅:初指《诗经·小雅》,为宫廷乐歌,代指典雅之词。郑:初指《诗经·郑风》,郑地民歌,代指淫邪、庸俗之词。
② 即周邦彦,字美成,北宋词人、音乐家。
③ 欧阳修与秦观合称"欧秦"。
④ 即吴文英,字梦窗,南宋词人。
⑤ 秦观《水龙吟》:"小楼连苑横空,下窥绣毂雕鞍骤。"苏轼讥笑其"十三个字只说得一个人骑马楼前过"。

三十五

沈伯时①《乐府指迷》云:"说桃不可直说破桃,须用'红雨''刘郎'等字。咏柳不可直说破柳,须用'章台''灞岸'等字。"若唯恐人不用代字者。果以是为工,则古今类书俱在,又安用词为耶? 宜其为《提要》所讥也②。

三十六

美成《青玉案》③词:"叶上初阳干宿雨。水面清圆,一一风荷举。"此真能得荷之神理者。觉白石《念奴娇》《惜红衣》二词,犹有隔雾看花之恨。

三十七

东坡《水龙吟》咏杨花,和韵而似原唱。章质夫词,原唱而似和韵。④ 才之不可强也如是!

---

① 即沈义父,字伯时,南宋词人。
② 《四库提要》集部《乐府指迷》一条评论此处,曰:"其意欲避鄙俗,而不知转成涂饰,亦非确论。"
③ 应为《苏幕遮》。
④ 章楶(jié),字质夫,北宋名将、诗人。和韵,即次韵,依别人诗作的原韵作诗。苏轼《水龙吟》为"次韵章质夫杨花词"。

三十八

咏物之词,自以东坡《水龙吟》最工,邦卿《双双燕》①次之。白石《暗香》《疏影》②,格调虽高,然无一语道着,视古人"江边一树垂垂发"等句何如耶?

三十九

白石写景之作,如"二十四桥仍在,波心荡,冷月无声"③"数峰清苦,商略黄昏雨"④"高树晚蝉,说西风消息"⑤,虽格韵高绝,然如雾里看花,终隔一层。梅溪、梦窗诸家写景之病,皆在一"隔"字。北宋风流,渡江遂绝,抑真有运会存乎其间耶?

---

① 即史达祖,字邦卿,号梅溪,南宋词人。《双双燕》为其咏燕子之绝唱。
② 姜夔《暗香》《疏影》两首词咏梅。这两首多用典故,缺少对梅的直接描写,故王国维批评其"无一语道着",即后文所说"终隔一层",不如杜甫《和裴迪登蜀州东亭送客逢早梅相忆见寄》中写梅"江边一树垂垂发,朝夕催人自白头"。
③ 出自姜夔《扬州慢》(淮左名都)。
④ 出自姜夔《点绛唇·丁未冬过吴松作》。
⑤ 出自姜夔《惜红衣·吴兴荷花》。现行本多作"高柳晚蝉"。

四十

问"隔"与"不隔"之别,曰:陶谢①之诗不隔,延年②则稍隔矣;东坡之诗不隔,山谷③则稍隔矣。"池塘生春草"④"空梁落燕泥"⑤等二句,妙处唯在不隔。词亦如是。即以一人一词论,如欧阳公《少年游》咏春草上半阕云:"阑干十二独凭春,晴碧远连云。二月三月,千里万里,行色苦愁人。"语语都在目前,便是不隔。至云"谢家池上,江淹浦畔"⑥,则隔矣。白石《翠楼吟》"此地,宜有词仙,拥素云黄鹤,与君游戏。玉梯凝望久,叹芳草萋萋千里",便是不隔。至"酒祓清愁,花消英气"⑦,则隔矣。然南宋词虽不隔处,比之前人,自有浅深厚薄之别。

四十一

"生年不满百,常怀千岁忧。昼短苦夜长,何不秉烛游?"⑧

---

① 陶渊明与谢灵运的并称。谢灵运,南朝宋诗人。
② 即颜延之,字延年,南朝宋文学家。
③ 即黄庭坚,号山谷道人。
④ 出自谢灵运《登池上楼》。
⑤ 出自隋代诗人薛道衡《昔昔盐》。
⑥ 此二处出自欧阳修《少年游》。其中"二月三月,千里万里",现行本多作"千里万里,二月三月"。
⑦ 此二处出自姜夔《翠楼吟·淳熙丙午冬》。
⑧ 出自《古诗十九首》之十五。

"服食求神仙,多为药所误。不如饮美酒,被服纨与素。"①写情如此,方为不隔。"采菊东篱下,悠然见南山。山气日夕佳,飞鸟相与还。""天似穹庐,笼盖四野。天苍苍,野茫茫,风吹草低见牛羊。"②写景如此,方为不隔。

四十二

古今词人格调之高,无如白石。惜不于意境上用力,故觉无言外之味、弦外之响,终不能与于第一流之作者也。

四十三

南宋词人,白石有格而无情,剑南③有气而乏韵。其堪与北宋人颉颃④者,唯一幼安⑤耳。近人祖南宋而祧北宋,以南宋之词可学,北宋不可学也。学南宋者,不祖白石,则祖梦窗,以白石、梦窗可学,幼安不可学也。学幼安者率祖其粗犷、滑稽,以其粗犷、滑稽处可学,佳处不可学也。幼安之佳处,在有性情,有境界。即以气象论,亦有"横素波、干青云"⑥之概,宁后世龌龊小

---

① 出自《古诗十九首》之十三。
② 出自北朝民歌《敕勒歌》。
③ 即陆游,南宋爱国诗人。著有《剑南诗稿》。
④ 颉颃(xiéháng):鸟上下飞。
⑤ 即辛弃疾,字幼安,号稼轩。
⑥ 出自萧统《〈陶渊明集〉序》:"横素波而傍流,干青云而直上。"

生所可拟耶?

四十四

东坡之词旷,稼轩之词豪。无二人之胸襟而学其词,犹东施之效捧心也。

四十五

读东坡、稼轩词,须观其雅量高致,有伯夷、柳下惠之风。白石虽似蝉蜕尘埃,然终不免局促辕下。

四十六

苏辛①,词中之狂。白石犹不失为狷。若梦窗、梅溪、玉田②、草窗③、西麓④辈,面目不同,同归于乡愿⑤而已。

---

① 苏轼、辛弃疾合称"苏辛"。
② 即张炎,号玉田,南宋词人。
③ 即周密,号草窗,南宋词人。
④ 即陈允平,号西麓,宋末元初词人。
⑤ 乡愿:指外表循规蹈矩,内心虚伪。

四十七

稼轩中秋饮酒达旦,用《天问》体作《木兰花慢》以送月,曰:"可怜今夜月①,向何处,去悠悠？是别有人间,那边才见,光景东头。"词人想象,直悟月轮绕地之理,与科学家密合,可谓神悟。

四十八

周介存谓:"梅溪词中,喜用'偷'字,足以定其品格。"②刘融斋谓:"周旨荡而史意贪。"③此二语令人解颐④。

四十九

介存谓梦窗词之佳者,如"水光云影,摇荡绿波,抚玩无极,追寻已远"。余览《梦窗甲乙丙丁稿》中,实无足当此者。有之,其"隔江人在雨声中,晚风菰叶生秋怨"⑤二语乎？

---

① 现行本多作"可怜今夕月"。
② 见周济《介存斋论词杂著》。
③ 见刘熙载《艺概》。
④ 解颐:面露笑容。
⑤ 出自吴文英《踏莎行》(润玉笼绡)。

五十

梦窗之词,吾得取其词中一语以评之,曰:"映梦窗,凌乱碧。"① 玉田之词,余得取其词中之一语以评之,曰:"玉老田荒。"②

五十一

"明月照积雪"③ "大江流日夜"④ "中天悬明月"⑤ "黄河落日圆"⑥,此种境界,可谓千古壮观。求之于词,唯纳兰容若⑦塞上之作,如《长相思》之"夜深千帐灯",《如梦令》之"万帐穹庐人醉,星影摇摇欲坠",差近之。

---

① 出自吴文英《秋思·荷塘为括苍名姝求赋其听雨小阁》。现行本多作"映梦窗,零乱碧"。
② 出自张炎《祝英台近·与周草窗话旧》。
③ 出自谢灵运《岁暮》。
④ 出自南朝齐诗人谢朓《暂使下都夜发新林至京邑赠西府同僚》。
⑤ 出自杜甫《后出塞》。
⑥ 出自唐代诗人王维《使至塞上》。现行本多作"长河落日圆"。
⑦ 即纳兰性德,字容若,清代词人。

五十二

纳兰容若以自然之眼观物,以自然之舌言情。此由初入中原,未染汉人风气,故能真切如此。北宋以来,一人而已。

五十三

陆放翁①跋《花间集》,谓:"唐宋②五代,诗愈卑,而倚声者辄简古可爱。能此不能彼,未可③以理推也。"《提要》驳之,谓:"犹能举七十斤者,举百斤则蹶,举五十斤则运掉自如。"其言甚辨④。然谓词必易于诗,余未敢信。善乎陈卧子之言曰:"宋人不知诗而强作诗,故终宋之世无诗。然其欢愉愁苦之致,动于中而不能抑者,类发于诗余,故其所造独工。"⑤五代词之所以独胜,亦以此也。

---

① 即陆游,号放翁。
② 现行本多作"唐季"。
③ 现行本多作"未易"。
④ 辨:明了。
⑤ 见陈子龙《王介人诗余序》。陈子龙,字卧子,明代文学家。其中"欢愉愁苦",现行本多作"欢愉愁怨"。

五十四

四言敝而有楚辞,楚辞敝而有五言,五言敝而有七言,古诗敝而有律绝,律绝敝而有词。盖文体通行既久,染指遂多,自成习套。豪杰之士,亦难于其中自出新意,故遁而作他体,以自解脱。一切文体所以始盛终衰者,皆由于此。故谓文学后不如前,余未敢信。但就一体论,则此说固无以易也。

五十五

诗之《三百篇》《十九首》①,词之五代北宋,皆无题也。非无题也,诗词中之意,不能以题尽之也。自《花庵》《草堂》②每调立题,并古人无题之词亦为之作题。如观一幅佳山水,而即曰此某山某河,可乎?诗有题而诗亡,词有题而词亡。然中材之士,鲜能知此而自振拔③者矣。

五十六

大家之作,其言情也必沁人心脾,其写景也必豁人耳目。其

---

① 指先秦的《诗经》和汉代的《古诗十九首》。
② 指南宋黄昇所编的《花庵词选》和南宋何士信所编的《草堂诗余》。
③ 自振拔:自己振奋,摆脱所陷入的境地。

辞脱口而出,无矫揉妆束之态。以其所见者真,所知者深也。诗词皆然。持此以衡古今之作者,可无大误也。

五十七

人能于诗词中不为美刺①投赠之篇,不使隶事②之句,不用粉饰之字,则于此道已过半矣。

五十八

以《长恨歌》之壮采,而所隶之事,只"小玉""双成"③四字,才有余也。梅村④歌行,则非隶事不办。白吴优劣,即于此见。不独作诗为然,填词家亦不可不知也。

五十九

近体诗体制,以五七言绝句为最尊,律诗次之,排律最下。盖此体于寄兴言情,两无所当,殆有韵之骈体文耳。词中小令如绝句,长调似律诗,若长调之百字令、沁园春等,则近于排律矣。

---

① 美刺:赞美和讽刺。
② 隶事:使用典故。
③ 《长恨歌》:"转教小玉报双成。"小玉为吴王夫差女,双成为王母侍女,以此二者指代杨玉环的侍女。
④ 即吴伟业,号梅村,明末清初诗人。

六十

诗人对宇宙人生,须入乎其内,又须出乎其外。入乎其内,故能写之;出乎其外,故能观之。入乎其内,故有生气;出乎其外,故有高致。美成能入而不出。白石以降,于此二事皆未梦见。

六十一

诗人必有轻视外物之意,故能以奴仆命风月。又必有重视外物之意,故能与花鸟共忧乐。

六十二

"昔为倡家女,今为荡子妇。荡子行不归,空床难独守。"①"何不策高足,先据要路津?无为久贫贱,轗轲长苦辛。"②可谓淫鄙之尤。然无视为淫词、鄙词者,以其真也。五代北宋之大词人亦然。非无淫词,读之者但觉其亲切动人;非无鄙词,但觉其精力弥满。可知淫词与鄙词之病,非淫与鄙之病,而游词之病

---

① 出自《古诗十九首》之二。
② 出自《古诗十九首》之四。其中"无为久贫贱",现行本多作"无为守穷贱"。

也。"岂不尔思,室是远而。"而子曰:"未之思也,夫何远之有?"①恶其游也。

六十三

"枯藤老树昏鸦,小桥流水平沙②,古道西风瘦马。夕阳西下,断肠人在天涯。"此元人马东篱③《天净沙》小令也。寥寥数语,深得唐人绝句妙境。有元一代词家,皆不能办此也。

六十四

白仁甫④《秋夜梧桐雨》剧,沉雄悲壮,为元曲冠冕。然所作《天籁词》,粗浅之甚,不足为稼轩奴隶。岂创者易工,而因者难巧欤?抑人各有能与不能也?读者观欧秦之诗远不如词,足透此中消息。

---

① 出自《论语·子罕篇》,此诗《论语》中记载为《诗经》中篇目,但不见于今本的《诗经》,当为孔子所删。
② 现多作"小桥流水人家",《历代诗余》作"平沙"。
③ 即马致远,号东篱,元代戏曲家。
④ 即白朴,字仁甫,元代戏曲家。

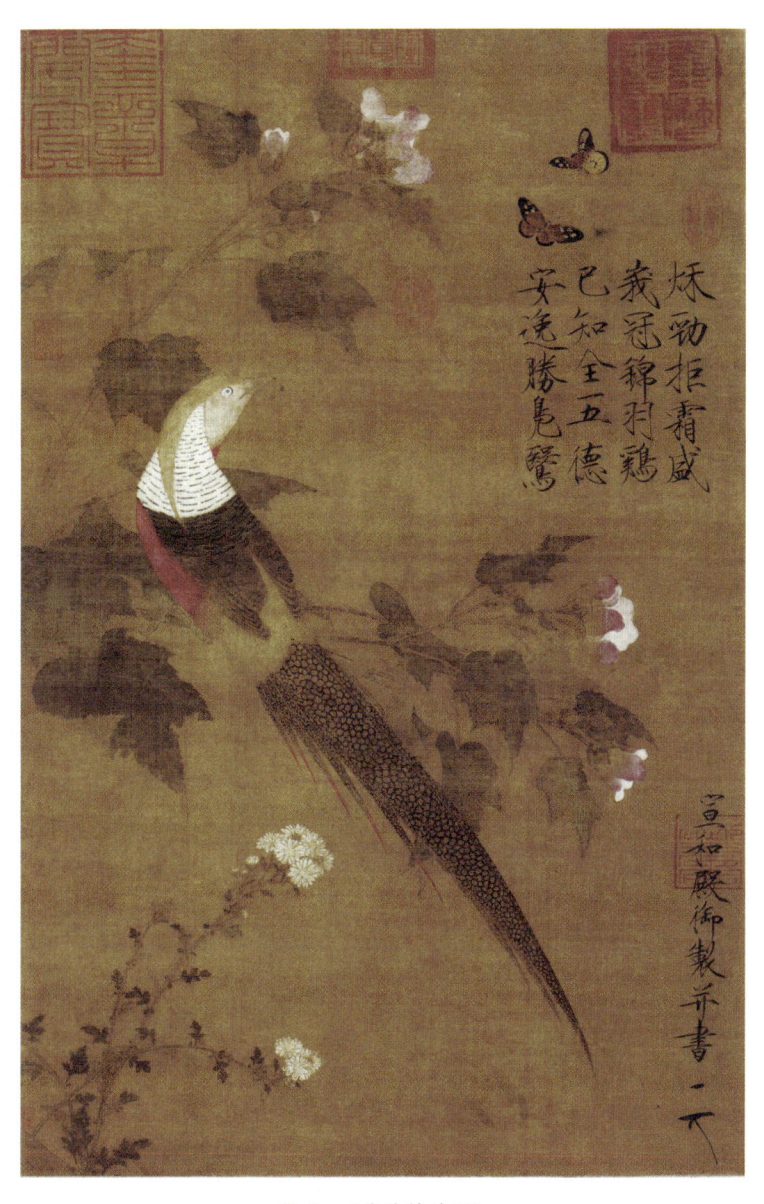

赵佶　《芙蓉锦鸡图》

文同 《墨竹图》

人间词话删稿[1]

一

白石之词,余所最爱者亦仅二语,曰:"淮南皓月冷千山,冥冥归去无人管。"[2]

二

双声、叠韵之论,盛于六朝,唐人犹多用之。至宋以后,则渐不讲,并不知二者为何物。乾嘉间,吾乡周松霭(春)先生著《杜诗双声叠韵谱括略》,正千余年之误,可谓有功文苑者矣。其言曰:"两字同母谓之双声,两字同韵谓之叠韵。"余按,用今日各国文法通用之语表之,则两字同一子音者谓之双声。如《南史·羊元保传》之"官家恨狭,更广八分","官家""更广"四字,

---

[1] 此四十九条为赵万里在王国维逝世后,从其手稿中辑出发表。
[2] 出自姜夔《踏莎行》(燕燕轻盈)。

皆从 k 得声，《洛阳伽蓝记》之"狞奴慢骂"，"狞奴"二字，皆从 n 得声，"慢骂"二字，皆从 m 得声也。两字同一母音者，谓之叠韵。如梁武帝"后牖有朽柳"，"后牖有"三字，双声而兼叠韵。"有朽柳"三字，其母音皆为 u。刘孝绰之"梁皇长康强"，"梁""长""强"三字，其母音皆为 iang 也。① 自李淑《诗苑》伪造沈约之说，以双声叠韵为诗中八病之二，后世诗家多废而不讲，亦不复用之于词。余谓苟于词之荡漾处多用叠韵，促节处用双声，则其铿锵可诵，必有过于前人者。惜世之专讲音律者，尚未悟此也！

三

昔人但知双声之不拘四声，不知叠韵亦不拘平、上、去三声。凡字之同母者，虽平仄有殊，皆叠韵也。

四

诗至唐中叶以后，殆为羔雁之具②矣。故五代、北宋之诗，

---

① 本条中表述与现行标准有区别。双声为两字同声母，叠韵为两字同韵母，或同主要元音和韵尾。"官家恨狭，更广八分"中，"官""更""广"从 g 声，而"家"从 j 声。"梁皇长康强"中，"梁""强"韵母（母音）为 iang，"长""康"韵母为 ang，"皇"韵母为 uang，主要元音和韵尾都是 ang。

② 羔雁之具：古以小羊和大雁作为礼物。此处指将诗或词用于社交应酬馈赠。

佳者绝少,而词则为其极盛时代。即诗词兼擅如永叔、少游者,词胜于诗远甚。以其写之于诗者,不若写之于词者之真也。至南宋以后,词亦为羔雁之具,而词亦替①矣。此亦文学升降之一关键也。

五

曾纯甫②中秋应制,作《壶中天慢》词,自注云:"是夜,西兴亦闻天乐。"谓宫中乐声,闻于隔岸也。毛子晋谓:"天神亦不以人废言。"③近冯梦华复辨其诬④。不解"天乐"二字文义,殊笑人也。

---

① 替:衰落。
② 即曾觌(dí),字纯甫,号海野老农,南宋词人。
③ 详见明代毛晋编《宋六十名家词》中《海野词》跋。毛晋,字子晋。此处毛晋是把"天乐"解释为天神的音乐,而非"宫中乐声"。《海野词》,曾觌词集。
④ 冯梦华即冯煦,字梦华,清末民初文人。冯煦在《宋六十一家词选·例言》中批评毛晋的说法,曰:"不知宋人每好自神其说。白石道人尚欲以巢湖风驶归功于《平调满江红》,于海野何讥焉?"但也将"天乐"理解成天上的音乐。

六

北宋名家以方回①为最次。其词如历下②、新城③之诗,非不华赡,惜少真味。

七

散文易学而难工,骈文难学而易工。近体诗易学而难工,古体诗难学而易工。小令易学而难工,长调难学而易工。

八

古诗云:"谁能思不歌?谁能饥不食?"④诗词者,物之不得其平而鸣者也。故欢愉之辞难工,愁苦之言易巧。

九

社会上之习惯,杀许多之善人。文学上之习惯,杀许多之

---

① 即贺铸,字方回,北宋词人。
② 即李攀龙,历城(今山东省济南市)人,明代文学家,创建历下诗派。
③ 即王士禛,山东新城(今山东省淄博市桓台县)人,清代文学家。
④ 出自魏晋乐府《子夜歌》。

天才。

十

昔人论诗词,有景语、情语之别。不知一切景语皆情语也。

十一

词家多以景寓情。其专作情语而绝妙者,如牛峤之"甘作一生拚,尽君今日欢"①,顾敻之"换我心为你心,始知相忆深"②,欧阳修之"衣带渐宽终不悔,为伊消得人憔悴"③,美成之"许多烦恼,只为当时,一饷留情"④。此等词求之古今人词中,曾不多见。

十二

词之为体,要眇宜修⑤。能言诗之所不能言,而不能尽言诗

---

① 出自唐末五代词人牛峤《菩萨蛮》(玉炉冰簟鸳鸯锦)。现行本多作"须作一生拚"。
② 出自五代词人顾敻《诉衷情》(永夜抛人何处去)。
③ 出自《凤栖梧》一词。实应为柳永所作,当时人误编入《六一词》(又名《欧阳文忠公近体诗乐府》)。
④ 出自周邦彦《庆春宫》(云接平冈)。
⑤ 要眇宜修:美好而装饰得恰到好处。

之所能言。诗之境阔,词之言长。

十三

言气质,言神韵,不如言境界。有境界,本也。气质、神韵,末也。有境界而二者随之矣。

十四

"西风生渭水,落日满长安。"①美成以之入词②,白仁甫以之入曲③,此借古人之境界为我之境界者也。然非自有境界,古人亦不为我用。

十五

长调自以周、柳、苏、辛为最工。美成《浪淘沙慢》二词,精壮顿挫,已开北曲之先声。若屯田④之《八声甘州》,东坡之《水调歌头》,则伫兴⑤之作,格高千古,不能以常调论也。

---

① 出自唐代诗人贾岛《忆江上吴处士》。现行本多作"秋风生渭水,落叶满长安"。
② 周邦彦《齐天乐·秋思》:"渭水西风,长安乱叶。"
③ 白朴《普天乐》(恨无穷):"西风渭水,落日长安。"
④ 即柳永,官至屯田员外郎,世称"柳屯田"。
⑤ 伫兴:蓄积感情。

十六

稼轩《贺新郎》词"送茂嘉十二弟"①,章法绝妙,且语语有境界,此能品而几于神者②。然非有意为之,故后人不能学也。

十七

稼轩《贺新郎》词:"柳暗凌波路。送春归猛风暴雨,一番新绿。"又《定风波》词:"从此酒酣明月夜。耳热。""绿""热"二字,皆作上去用。与韩玉《东浦词》《贺新郎》以"玉""曲"叶③"注""女",《卜算子》以"夜""谢"叶"食"④"月",已开北曲四声通押之祖。

---

① 现行本多作"别茂嘉十二弟"。
② 书画评论将优秀的作品分为四个等级:能品、妙品、神品、逸品。能品则为精品,神品已达到最高境界,可作为范本。
③ 叶(xié):协调。即"玉""曲"为入声,和去声、上声字"注""女"通押。
④ "食"当为"节",应为作者笔误。

十八

谭复堂①《箧中词选》谓:"蒋鹿潭②《水云楼词》与成容若③、项莲生④,二百年间,分鼎三足。"然《水云楼词》小令颇有境界,长调唯存气格。《忆云词》精实有余,超逸不足,皆不足与容若比。然视皋文、止庵⑤辈,则倜乎远矣⑥。

十九

词家时代之说,盛于国初。竹垞谓词至北宋而大,至南宋而深。⑦ 后此词人,群奉其说。然其中亦非无具眼⑧者。周保绪曰:"南宋下不犯北宋拙率之病,高不到北宋浑涵之诣。"又曰:"北宋词多就景叙情,故珠圆玉润,四照玲珑。至稼轩、白石,一

---

① 即谭献,号复堂,近代词人、学者。
② 即蒋春霖,字鹿潭,清代词人。
③ 即纳兰性德,原名纳兰成德,字容若。满人"称名不举姓",而习惯以名字首字为姓,所以称"成容若"。
④ 即项鸿祚,字莲生,清代词人。著有《忆云词甲乙丙丁稿》。
⑤ 即周济,号止庵。
⑥ 倜乎远矣:应为"倜倜乎远矣",意为远远超过。倜倜,远的样子。
⑦ 出自《词综发凡》。朱彝尊,字锡鬯(chàng),号竹垞,清代词人、学者。
⑧ 具眼:有眼力。

变而为即事叙景,使深者反浅,曲者反直。"①潘四农(德舆)曰:"词滥觞于唐,畅于五代,而意格之闳深曲挚,则莫盛于北宋。词之有北宋,犹诗之有盛唐。至南宋则稍衰矣。"②刘融斋(熙载)曰:"北宋词用密亦疏、用隐亦亮、用沉亦快、用细亦阔、用精亦浑。南宋只是掉转过来。"③可知此事自有公论。虽止庵颇浅薄,潘、刘尤甚。然其推尊北宋,则与明季云间④诸公,同一卓识也。

二十

唐五代北宋词,可谓"生香真色"。若云间诸公,则彩花⑤耳。湘真⑥且然,况其次也者乎?

二十一

《衍波词》⑦之佳者,颇似贺方回。虽不及容若,要在锡鬯、其年⑧之上。

---

① 出自周济《介存斋论词杂著》。周济,字保绪。
② 出自清代诗论家潘德舆《与叶生名沣书》。
③ 出自刘熙载《艺概》。
④ 云间派,指以明末词人陈子龙、宋徵舆、李雯等为代表的词派。云间派早期推崇北宋及之前词,而抑黜南宋词。
⑤ 彩花:剪彩之花,用彩纸扎的花。
⑥ 即陈子龙,其词集名《湘真阁稿》,故称。
⑦ 《衍波词》:清代王士禛的词集。
⑧ 即陈维崧,字其年,明末清初词人。

二十二

近人词如《复堂词》①之深婉,《彊村词》②之隐秀,皆在半塘老人③上。彊村学梦窗而情味较梦窗反胜。盖有临川④、庐陵⑤之高华,而济以白石之疏越者。学人之词,斯为极则。然古人自然神妙处,尚未见及。

二十三

宋直方⑥《蝶恋花》:"新样罗衣浑弃却,犹寻旧日春衫著。"谭复堂《蝶恋花》:"连理枝头侬与汝,千花百草从渠许。"可谓寄兴深微。

---

① 《复堂词》:谭献的词集。
② 《彊村词》:朱祖谋的词集。朱祖谋,号彊村,清末民国词人。
③ 即王鹏运,号半塘老人,晚年又号鹜翁,清代词人。
④ 即王安石,抚州临川(今江西省抚州市)人,北宋政治家、文学家。
⑤ 即欧阳修,吉州庐陵永丰(今江西省吉安市永丰县)人。
⑥ 即宋徵舆,字直方,明末清初词人。原稿作"宋尚木",有误,"尚木"为宋徵舆之兄宋徵璧的字。

二十四

《半塘丁稿》①中和冯正中《鹊踏枝》十阕,乃《鹜翁词》之最精者。"望远愁多休纵目"等阕,郁伊②惝恍,令人不能为怀。《定稿》只存六阕,殊为未允也。

二十五

固哉,皋文之为词也!飞卿《菩萨蛮》、永叔《蝶恋花》、子瞻《卜算子》,皆兴到之作,有何命意?皆被皋文深文罗织。③ 阮

---

① 《半塘丁稿》:王鹏运词集,包含《鹜翁集》。
② 郁伊:抑郁的样子。
③ 张惠言《词选》评温庭筠《菩萨蛮》(小山重叠金明灭)曰:"此感士不遇也。"评欧阳修《蝶恋花》(庭院深深深几许)曰:"'庭院深深',闺中既以邃远也。'楼高不见',哲王又不寤也。'章台游冶',小人之径。'雨横风狂',政令暴急也。'乱红飞去',斥逐者非一人而已,殆为韩、范作乎?"评苏轼(字子瞻)《卜算子》(缺月挂疏桐)曰:"'缺月',刺明微也。'漏断',暗时也。'幽人',不得志也。'独往来',无助也。'惊鸿',贤人不安也。'回头',爱君不忘也。'无人省',君不察也。'拣尽寒枝不肯栖',不偷安于高位也。'寂寞沙洲冷',非所安也。"又,据唐圭璋先生考证,欧阳修《蝶恋花》,实为冯延巳《鹊踏枝》,误收入欧阳修集中。

亭①《花草蒙拾》谓："坡公命宫磨蝎②,生前为王珪、舒亶辈所苦,身后又硬受此差排。"由今观之,受差排者,独一坡公已耶?

二十六

贺黄公谓："姜论史词③,不称④其'软语商量',而赏其'柳昏花暝',固知不免项羽学兵法之恨。"⑤然"柳昏花暝"自是欧秦辈句法,前后有画工化工⑥之殊。吾从白石,不能附和黄公矣。

二十七

"池塘春草谢家春,万古千秋五字新。⑦ 传语闭门陈正字⑧,

---

① 即王士禛,号阮亭。
② 命宫磨蝎:命宫在磨(摩)蝎(羯)座,即出生时东方升起的第一个星座是摩羯。中国古代星象理论认为,这一类人一生多灾多难,容易受人毁谤。
③ 姜夔评论史达祖的词,黄昇《中兴以来绝妙词选》中说姜夔"极称其'柳昏花暝'之句"。
④ 现行本多作"不赏"。
⑤ 出自清代贺裳《皱水轩词筌》。贺裳,字黄公,清代词人。又,"软语商量""柳昏花暝"出自史达祖《双双燕·咏燕》。"项羽学兵法",《史记》中称其"略知其意"。
⑥ 画工:矫饰的人工美。化工:师法造化的自然美。
⑦ 此二句称赞谢灵运《登池上楼》中"池塘生春草"一句。
⑧ 即陈师道,北宋文学家。官至秘书省正字,故称"陈正字"。

可怜无补费精神。"此遗山①《论诗绝句》也。梦窗、玉田辈,当不乐闻此语。

二十八

朱子《清邃阁论诗》谓:"古人②有句,今人诗更无句,只是一直说将去。这般一日作百首也得。"余谓北宋之词有句,南宋以后便无句。如玉田、草窗之词,所谓"一日作百首也得"者也。

二十九

朱子谓:"梅圣俞诗,不是平淡,乃是枯槁。"③余谓草窗、玉田之词亦然。

三十

"自怜诗酒瘦,难应接,许多春色。"④"能几番游?看花又是明年。"⑤此等语亦算警句耶?乃值如许笔力!

---

① 即元好问,号遗山。
② 现行本"古人"后有"诗中"二字,后文"这般"后有"诗"字。
③ 出自朱熹《清邃阁论诗》。朱熹,尊称朱子,南宋理学家。
④ 出自史达祖《喜迁莺》(月波疑滴)。
⑤ 出自张炎《高阳台·西湖春感》。

三十一

文文山①词,风骨甚高,亦有境界,远在圣与、叔夏、公谨②诸公之上。亦如明初诚意伯③词,非季迪、孟载④诸人所敢望也。

三十二

和凝⑤《长命女》词:"天欲晓。宫漏穿花声缭绕,窗里星光少。冷霞寒侵帐额,残月光沉树杪。梦断锦闱空悄悄。强起愁眉小。"此词前半,不减夏英公《喜迁莺》也。

三十三

宋李希声⑥《诗话》曰:"唐人⑦作诗,正以风调高古为主。虽意远语疏,皆为佳作。后人有切近的当、气格凡下者,终使人

---

① 即文天祥,号文山,南宋政治家、文学家。
② 王沂孙,字圣与;张炎,字叔夏;周密,字公谨。三人皆为南宋词人。
③ 刘基,封诚意伯,元末明初政治家、文学家。
④ 高启,字季迪;杨基,字孟载。二人皆为元末明初诗人。
⑤ 和凝:唐朝至五代文学家。
⑥ 即李錞,字希声,宋代文学家。
⑦ 现行本多作"古人"。

可憎。"余谓北宋词亦不妨疏远。若梅溪以降,正所谓切近的当、气格凡下者也。

三十四

自竹垞痛贬《草堂诗余》而推《绝妙好词》,后人群附和之。不知《草堂》虽有亵诨①之作,然佳词恒得十之六七。《绝妙好词》则除张、范、辛、刘②诸家外,十之八九,皆极无聊赖之词。古人云:小好小惭,大好大惭,③洵非虚语。

三十五

梅溪、梦窗、玉田、草窗、西麓诸家,词虽不同,然同失之肤浅。虽时代使然,亦其才分有限也。近人弃周鼎而宝康瓠④,实难索解。

三十六

余友沈昕伯(纮)自巴黎寄余《蝶恋花》一阕云:"帘外东风

---

① 亵诨:轻慢戏谑。
② 即张孝祥、范成大、辛弃疾、刘克庄,均为南宋词人。
③ 出自唐代政治家、文学家韩愈《与冯宿论文书》:"小惭者亦蒙谓之小好,大惭者即必以为大好矣。"
④ 康瓠:破瓦壶,比喻庸才。

随燕到。春色东来,循我来时道。一霎围场生绿草,归迟却怨春来早。锦绣一城春水绕。庭院笙歌,行乐多年少。著意来开孤客抱,不知名字闲花鸟。"此词当在晏氏父子①间,南宋人不能道也。

三十七

"君王枉把平陈业,换得雷塘数亩田。"②政治家之言也。"长陵亦是闲丘陇,异日谁知与仲多?"③诗人之言也。政治家之眼,域于一人一事。诗人之眼,则通古今而观之。词人观物,须用诗人之眼,不可用政治家之眼。故感事、怀古等作,当与寿词同为词家所禁也。

三十八

宋人小说,多不足信。如《雪舟脞语》谓:台州知府唐仲友眷官妓严蕊奴。朱晦庵④系治之。及晦庵移去,提刑岳霖行部⑤至台,蕊乞自便。岳问曰:"去将安归?"蕊赋《卜算子》词云"住

---

① 即晏殊与晏几道,为北宋词人。
② 出自罗隐《炀帝陵》。现行本多作"君王忍把平陈业,只换雷塘数亩田"。
③ 出自唐彦谦《仲山(高祖兄仲山隐居之所)》。
④ 即朱熹,号晦庵。
⑤ 行部:古代官员巡行下属各地,考察地方官政绩。

也如何住"云云。案,此词系仲友戚高宣教作,使蕊歌以侑觞①者,见朱子纠唐仲友奏牍②。则《齐东野语》所纪朱、唐公案,恐亦未可信也。

三十九

《沧浪》《凤兮》二歌,已开《楚辞》体格。然《楚辞》之最工者,推屈原、宋玉,而后此之王褒、刘向之词不与焉。五古之最工者,实推阮嗣宗、左太冲、郭景纯、陶渊明③,而前此曹、刘④,后此陈子昂、李太白不与焉。词之最工者,实推后主、正中、永叔、少游、美成,而后此南宋诸公不与焉。

四十

唐五代之词,有句而无篇。南宋名家之词,有篇而无句。有篇有句,唯李后主降宋后之作,及永叔、子瞻、少游、美成、稼轩数人而已。

---

① 侑(yòu)觞:佐酒。
② 即朱熹《按唐仲友第四状》。
③ 阮籍,字嗣宗;左思,字太冲;郭璞,字景纯;陶潜,字渊明。四人均为魏晋时期文学家、诗人。
④ 即曹植、刘桢,同为曹魏时期诗人,属于"建安七子"。

四十一

唐五代北宋之词家,倡优也。南宋后之词家,俗子也。二者其失相等。但词人之词,宁失之倡优,不失之俗子。以俗子之可厌,较倡优为甚故也。

四十二

《蝶恋花》(独倚危楼)一阕,见《六一词》,亦见《乐章集》。① 余谓:屯田轻薄子,只能道"奶奶兰心蕙性"②耳。③

四十三

读《会真记》者,恶张生之薄幸,而怨其奸非。读《水浒传》者,恕宋江之横暴,而责其深险。此人人之所同也。故艳词可作,唯万不可作儇薄④语。龚定庵诗云:"偶赋凌云偶倦飞,偶然闲慕遂初衣。偶逢锦瑟佳人问,便说寻春为汝归。"⑤其人之凉

---

① 《六一词》为欧阳修词集,《乐章集》为柳永词集。
② 出自柳永《玉女摇仙佩·佳人》。
③ 原手稿此条有注:"此等语,固非欧公不能道也。"此处王国维的论断过于主观,据后人考证,此首《蝶恋花》作者实为柳永。
④ 儇薄(xuānbáo):轻浮。
⑤ 出自龚自珍《己亥杂诗》其中一首。龚自珍,号定庵,清代诗人。

薄无行,跃然纸墨间。余辈读耆卿、伯可①词,亦有此感。视永叔、希文②小词何如耶?

四十四

词人之忠实,不独对人事宜然。即对一草一木,亦须有忠实之意,否则所谓游词也。

四十五

读《花间》《尊前集》③,令人回想徐陵《玉台新咏》④。读《草堂诗余》⑤,令人回想韦縠《才调集》⑥。读朱竹垞《词综》⑦,张皋

---

① 柳永,字耆卿;康与之,字伯可,南宋词人。
② 即范仲淹,字希文。
③ 《花间集》为五代后蜀文学家赵崇祚编,《尊前集》编纂于五代或北宋,均为唐五代词集。
④ 《玉台新咏》:南朝时期编纂的诗集,收录自汉魏至南朝梁的诗歌。
⑤ 《草堂诗余》:南宋何士信编纂的词集,收录宋代和部分唐五代词,体现浙西词派主张。
⑥ 《才调集》:成书于五代后蜀,收录唐代诗歌,多闺情诗。
⑦ 《词综》:清朱彝尊编,收录唐五代宋金元诸家词,重南宋词。

文、董子远《词选》①，令人回想沈德潜《三朝诗别裁集》②。

四十六

明季、国初诸老之论词，大似袁简斋③之论诗，其失也纤小而轻薄。竹垞以降之论词者，大似沈规愚④，其失也枯槁而庸陋。

四十七

东坡之旷在神，白石之旷在貌。白石如王衍，口不言阿堵物，而暗中为营三窟之计，⑤此其所以可鄙也。

---

① 清张惠言（字皋文）编纂《词选》，其侄孙董毅（字子远）编《续词选》，收录唐、五代和宋词，体现常州词派主张。原稿"董子远"误作"董晋卿"（董毅之父董士锡字）。
② 即《唐诗别裁集》《明诗别裁集》《国朝诗别裁集》，主张"格调说"。
③ 即袁枚，号简斋，清代诗人。
④ 即沈德潜，号归愚，清代诗人、学者。
⑤ 王衍，西晋末年思想家、重臣。王衍口中从不谈钱，他妻子为试探他，用钱环绕他的床，使他无法起身，逼他说出"钱"字。他叫来仆人，只说："举却阿堵物（拿走这些东西）。"但是其在政治上不维护国家利益，只求自保，让弟弟王澄做荆州刺史，族弟王敦做青州刺史，自己驻守京城，以为"三窟"，因而受人鄙视。

四十八

"纷吾既有此内美兮,又重之以修能。"①文字之事,于此二者不能缺一。然词乃抒情之作,故尤重内美。无内美而但有修能,则白石耳。

四十九

诗人视一切外物,皆游戏之材料也。然其游戏,则以热心为之,故诙谐与严重②二性质,亦不可缺一也。③

---

① 出自《离骚》,意为既有内在的美好品质,又有外在的卓越才能。
② 严重:此处意为庄重。
③ 四十八、四十九两条通行本不载,据王国维手稿补。

《人间词话》附录[1]

一

蕙风[2]词小令似叔原[3],长调亦在清真[4]、梅溪间,而沉痛过之。彊村虽富丽精工,犹逊其真挚也。天以百凶成就一词人,果何为哉!

(录自《蕙风琴趣》评语。)

二

蕙风《洞仙歌·秋日游某氏园》及《苏武慢·寒夜闻角》二

---

[1] 以下二十九条为赵万里、陈乃乾从王国维其他著述中摘出发表。需要注意的是,《附录》中一些条目与《人间词话》手稿并不产生于同一时期,在思想观点上有一定的区别。
[2] 即况周颐,号蕙风,晚清四大家之一。
[3] 即晏几道,字叔原。
[4] 即周邦彦,号清真居士。

阕,境似清真,集中他作,不能过之。

(录自《蕙风琴趣》评语。)

三

彊村词,余最赏其《浣溪沙》(独鸟冲波去意闲)二阕,笔力峭拔,非他词可能过之。

(自《丙寅日记》所记王国维论学语中摘出。)

四

蕙风《听歌》诸作,自以《满路花》为最佳。至《题香南雅集图》诸词,殊觉泛泛,无一言道着。

(自《丙寅日记》所记王国维论学语中摘出。)

五

(皇甫松)词,黄叔旸[①]称其《摘得新》二首,为有达观之见。余谓不若《忆江南》二阕,情味深长,在乐天、梦得[②]上也。

(第五条至第十三条录自《唐五代二十一家词辑》诸跋。)

---

① 即黄昇,字叔旸,南宋词人。
② 白居易,字乐天,刘禹锡,字梦得。与皇甫松均为唐代文学家。

六

端己词情深语秀,虽规模不及后主、正中,要在飞卿之上。观昔人颜、谢优劣论①可知矣。

七

(毛文锡)词比牛、薛②诸人,殊为不及。叶梦得谓:"文锡词以质直为情致,殊不知流于率露。诸人评庸陋词者,必曰:此仿毛文锡之《赞成功》而不及者。"其言是也。

八

(魏承班)词逊于薛昭蕴、牛峤,而高于毛文锡,然皆不如王衍③。五代词以帝王为最工,岂不以无意于求工欤?

---

① 《南史》记载,颜延之问鲍照,自己与谢灵运相比孰优孰劣,鲍照说:"谢五言诗如初发芙蓉,自然可爱。君诗如铺锦列绣,亦雕缋满眼。"颜延之认为这是对自己的批评,终身为此忧虑。
② 即牛峤和薛昭蕴,与毛文锡、魏承班均为唐末五代词人。
③ 王衍:前蜀后主,擅诗文。

九

（顾）夐词在牛给事、毛司徒①间。《浣溪沙》（春色迷人）一阕，亦见《阳春录》。与《河传》《诉衷情》数阕，当为夐最佳之作矣。

十

周密《齐东野语》称其（毛熙震）词"新警而不为儇薄"②。余尤爱其《后庭花》，不独意胜，即以调论，亦有隽上清越之致，视文锡蔑如③也。

十一

（阎选）词唯《临江仙》第二首有轩翥④之意，余尚未足与于作者也。

---

① 牛峤，官至给事中；毛文锡，官至司徒。
② 出自《历代诗余》。
③ 蔑如：不如。
④ 轩翥（zhù）：飞举。此处形容才华横溢。

十二

昔沈文悫深赏(张)泌"绿杨花扑一溪烟"[1]为晚唐名句[2]。然其词如"露浓香泛小庭花"[3],较前语似更幽艳。

十三

昔黄玉林[4]赏其(孙光宪)"一庭花雨湿春愁"[5]为古今佳句[6]。余以为不若"片帆烟际闪孤光"[7]尤有境界也。

十四

(周清真)先生于诗文无所不工,然尚未尽脱古人蹊径。平

---

[1] 出自唐末五代词人张泌《洞庭阻风》。
[2] 见沈德潜编《唐诗别裁集》卷一六张蠙《夏日题老将林亭》评语。沈德潜,谥文悫。
[3] 出自张泌《浣溪沙》(独立寒阶望月华)。
[4] 即黄昇,号玉林。
[5] 出自五代词人孙光宪《浣溪沙》(揽镜无言泪欲流)。现行本多作"一庭疏雨湿春愁"。
[6] 见《历代诗余》。
[7] 出自孙光宪《浣溪沙》(蓼岸风多橘柚香)。

生著述,自以乐府为第一。词人甲乙,宋人早有定论。① 唯张叔夏病其意趣不高远②。然北宋人如欧、苏、秦、黄③,高则高矣,至精工博大,殊不逮先生。故以宋词比唐诗,则东坡似太白,欧、秦似摩诘④,耆卿似乐天,方回、叔原则大历十子之流。南宋唯一稼轩可比昌黎⑤。而词中老杜⑥则非先生不可。昔人以耆卿比少陵⑦,犹为未当也。

(第十四至第十七条录自《清真先生遗事·尚论三》。)

十五

(清真)先生之词,陈直斋谓其多用唐人诗句檃栝⑧入律,浑然天成。张玉田谓其善于融化诗句,然此不过一端。不如强焕云"模写物态,曲尽其妙"⑨为知言也。

---

① 南宋藏书家、目录学家陈振孙《直斋书录解题》评说周邦彦"多用唐人诗语,檃栝入律,浑然天成。长调尤善铺叙,富艳精工,词人之甲乙也"。甲乙,第一、第二。
② 见张炎《词源》。张炎,字叔夏,南宋词人。
③ 即欧阳修、苏轼、秦观、黄庭坚。
④ 即王维,字摩诘。
⑤ 即韩愈,其自称"郡望昌黎",即今辽宁省义县,世称"韩昌黎"。
⑥ 即杜甫,自号少陵野老。
⑦ 见南宋词人张端义《贵耳集》引项安世(平斋)语:"学诗当学杜诗,学词当学柳词。杜诗、柳词皆无表德,只是实说。"
⑧ 檃栝(yǐnkuò):剪裁改写。
⑨ 出自南宋强焕为《片玉词》(周邦彦词集)所作序言《题周美成词》。

十六

山谷云:"天下清景,不择贤愚而与之,然吾特疑端为我辈设。"①诚哉是言!抑岂独清景而已,一切境界,无不为诗人设。世无诗人,即无此种境界。夫境界之呈于吾心而见于外物者,皆须臾之物,唯诗人能以此须臾之物,镌诸不朽之文字,使读者自得之。遂觉诗人之言,字字为我心中所欲言,而又非我之所能自言,此大诗人之秘妙也。境界有二:有诗人之境界,有常人之境界。诗人之境界,唯诗人能感之而能写之,故读其诗者,亦高举远慕,有遗世之意。而亦有得有不得,且得者亦各有深浅焉。若夫悲欢离合、羁旅行役之感,常人皆能感之,而唯诗人能写之。故其入于人者至深,而行于世也尤广。(清真)先生之词,属于第二种为多。故宋时别本之多,他无与匹。② 又和者三家③,注者二家④(强焕本亦有注,见毛跋)。自士大夫以至妇人女子,莫

---

① 见北宋诗人释惠洪《冷斋夜话》引黄庭坚语。
② 据王国维考证,周邦彦词集宋时有七种:《清真诗余》、《圈法周美成词》、《清真词》、《曹杓注清真词》、《三英集》(与方千里、杨泽民《和清真词》合刻)、子晋藏《清真集》,和南宋淳熙七年溧水刊本《片玉集》(又称强焕本)。
③ 方千里《和清真词》、杨泽民《和清真词》、陈允平《西麓继周集》。
④ 曹杓、陈元龙二家注。

不知有清真,而种种无稽之言,亦由此以起①。然非入人之深,乌能如是耶?

十七

楼忠简谓(清真)先生妙解音律②。唯王晦叔③《碧鸡漫志》谓:"江南某氏者,解音律,时时度曲。周美成与有瓜葛。每得一解,即为制词。故周集中多新声。"则集中新曲,非尽自度。然"顾曲名堂,不能自已",固非不知音者。故先生之词,文字之外,须兼味其音律。唯词中所注宫调,不出教坊十八调④之外。则其音非大晟乐府⑤之新声,而为隋唐以来之燕乐,固可知也。今其声虽亡,读其词者,犹觉拗怒⑥之中,自饶和婉;曼声促节,繁会⑦相宣;清浊抑扬,辘轳⑧交往。两宋之间,一人而已。

---

① 宋代笔记如张端义《贵耳集》、周密《浩然斋雅谈》、王明清《挥麈余话》、王灼《碧鸡漫志》等均记载周邦彦逸事,王国维认为这些多为无稽之言。
② 南宋文学家楼钥《清真先生文集序》:"(周邦彦)性好音律,如古之妙解,顾曲名堂,不能自已。"
③ 即王灼,字晦叔,南宋文学家。
④ 王国维《宋元戏曲史》:"宋教坊之十八调,亦唐二十八调之遗物。"即属于唐代宫廷燕乐所用的宫调体系。
⑤ 大晟乐府:北宋徽宗时设立的掌管音乐的机构,负责整理旧乐,创制新声。周邦彦曾任大晟府提举。
⑥ 拗(niǔ)怒:即拗体。诗词中不依照通常格律的变体。
⑦ 繁会:繁多的音调交响。
⑧ 辘轳(lùlú):井上汲水的起重装置,使水桶上下。

十八

(《云谣集杂曲子》)《天仙子》词①,特深峭隐秀,堪与飞卿、端己抗行。

(录自《观堂集林·唐写本〈云谣集杂曲子〉跋》。)

十九

以凝②词句法精壮,如和虞彦恭寄钱逊升③《蓦山溪》一阕、重午登霞楼《满庭芳》一阕、舣舟洪江步下《浣溪沙》一阕,绝无南宋浮艳虚薄之习。其他作亦多类是也。④

(录自《观堂别集·跋〈王周士词〉》。)

---

① 《云谣集杂曲子》为敦煌曲子词集,为晚唐抄本,内收录有《天仙子》二首"燕语啼时三月半"和"燕语莺啼惊觉梦",但王国维只见其中一首,可能为第一首。
② 即王以凝,又作王以宁,字周士,两宋间爱国词人。
③ 应作"钱逊叔"。
④ 此条为王国维手录的清代阮元《四库未收书目·王周士词提要》中的语句,并非王国维本人所写,应为误收入。

二十

有明一代,乐府道衰。《写情》①《扣舷》②,尚有宋元遗响。仁宣以后,兹事几绝。独文愍(夏言)③以魁硕之才,起而振之。豪壮典丽,与于湖④、剑南为近。

(录自《观堂外集·桂翁词跋》。)

二十一

王君静安将刊其所为《人间词》,诒⑤书告余曰:"知我词者莫如子,叙之亦莫如子宜。"余与君处十年矣,比年以来,君颇以词自娱。余虽不能词,然喜读词。每夜漏始下,一灯荧然,玩古人之作,未尝不与君共。君成一阕,易一字,未尝不以讯余。既而暌离⑥,苟有所作,未尝不邮以示余也。然则余于君之词,又乌可以无言乎?夫自南宋以后,斯道之不振久矣!元、明及国初诸老,非无警句也,然不免乎局促者,气困于雕琢也。嘉、道以后

---

① 《写情集》为刘基词集。
② 《扣舷集》为高启词集。
③ 夏言,谥文愍,号桂州。明代文学家、政治家。著有《桂翁词》(又名《桂洲集》)。
④ 即张孝祥,号于湖居士。
⑤ 诒(yí):赠送。
⑥ 暌(kuí)离:分离。

之词,非不谐美也,然无救于浅薄者,意竭于摹拟也。君之于词,于五代喜李后主、冯正中,于北宋喜永叔、子瞻、少游、美成,于南宋除稼轩、白石外,所嗜盖鲜矣。尤痛诋梦窗、玉田,谓梦窗砌字,玉田垒句,一雕琢,一敷衍,其病不同,而同归于浅薄。六百年来词之不振,实自此始。其持论如此。及读君自所为词,则诚往复幽咽,动摇人心,快而沉,直而能曲,不屑屑于言词之末,而名句间出,殆往往度越前人。至其言近而旨远,意决而辞婉,自永叔以后,殆未有工如君者也。君始为词时,亦不自意其至此,而卒至此者,天也,非人之所能为也。若夫观物之微,托兴之深,则又君诗词之特色。求之古代作者,罕有伦比。呜呼!不胜古人,不足以与古人并,君其知之矣。世有疑余言者乎,则何不取古人之词,与君词比类而观之也?光绪丙午三月,山阴樊志厚叙。①

(录自《观堂外集》。)

二十二

去岁夏,王君静安集其所为词,得六十余阕,名曰《人间词甲稿》,余既叙而行之矣。今冬,复汇所作词为《乙稿》,丐②余为

---

① 此为《人间词甲稿》序,为王国维模仿樊志厚口吻而作。据罗振常叙述,王国维请樊志厚作序,樊志厚性情疏懒,虽答应下来,但一直不动笔。一日王国维将此序和词稿寄到,附信曰:"《序》未署名,试猜度为何人作?宜署何人名则署之。"樊志厚读完大笑,署上了自己的名字。

② 丐:请求。

郭熙 《早春图》

李唐 《万壑松风图》

之叙。余岂敢辞？乃称曰：文学之事，其内足以摅己①，而外足以感人者，意与境二者而已。上焉者意与境浑，其次或以境胜，或以意胜。苟缺其一，不足以言文学。原夫文学之所以有意境者，以其能观也。出于观我者，意余于境。而出于观物者，境多于意。然非物无以见我，而观我之时，又自有我在。故二者常互相错综，能有所偏重，而不能有所偏废也。文学之工不工，亦视其意境之有无与其深浅而已。自夫人不能观古人之所观，而徒学古人之所作，于是始有伪文学。学者便之，相尚以辞，相习以模拟，遂不复知意境之为何物，岂不悲哉！苟持此以观古今人之词，则其得失，可得而言焉。温、韦之精艳，所以不如正中者，意境有深浅也。《珠玉》②所以逊《六一》③，《小山》④所以愧《淮海》⑤者，意境异也。美成晚出，始以辞采擅长，然终不失为北宋人之词者，有意境也。南宋词人之有意境者，唯一稼轩，然亦若不欲以意境胜。白石之词，气体雅健耳，至于意境，则去北宋人远甚。及梦窗、玉田出，并不求诸气体，而唯文字之是务，于是词之道熄矣。自元迄明，益以不振。至于国朝，而纳兰侍卫以天赋之才，崛起于方兴之族。其所为词，悲凉顽艳，独有得于意境之深，可谓豪杰之士，奋乎百世之下者矣。同时朱、陈⑥，既非劲

---

① 即摅(shū)己：抒发个人情感。
② 即《珠玉词》，晏殊词集。
③ 即《六一词》，欧阳修词集。
④ 即《小山集》，晏几道词集。
⑤ 即《淮海集》，秦观词集。
⑥ 即朱彝尊、陈维崧。

敌；后世项、蒋①，尤难鼎足。至乾、嘉以降，审乎体格韵律之间者愈微，而意味之溢于字句之表者愈浅。岂非拘泥文字而不求诸意境之失欤？抑观我观物之事自有天在，固难期诸流俗欤？余与静安，均夙持此论。静安之为词，真能以意境胜。夫古今人词之以意胜者，莫若欧阳公；以境胜者，莫若秦少游；至意境两浑，则唯太白、后主、正中数人足以当之。静安之词，大抵意深于欧，而境次于秦。至其合作，如《甲稿·浣溪沙》之"天末同云"、《蝶恋花》之"昨夜梦中"、《乙稿·蝶恋花》之"百尺朱楼"等阕，皆意境两忘，物我一体，高蹈乎八荒之表，而抗心乎千秋之间，骎骎②乎两汉之疆域，广于三代，贞观之政治，隆于武德矣。方之侍卫，岂徒伯仲？此固君所得于天者独深，抑岂非致力于意境之效也？至君词之体裁，亦与五代、北宋为近。然君词之所以为五代、北宋之词者，以其有意境在。若以其体裁故，而至遽指为五代、北宋，此又君之不任受。固当与梦窗、玉田之徒，专事摹拟者，同类而笑之也。光绪三十三年十月，山阴樊志厚叙。③

（录自《观堂外集》。）

---

① 即项鸿祚、蒋春霖。
② 骎(qīn)骎：马快跑的样子。
③ 此为《人间词乙稿》序，据赵万里的说法，为王国维代樊志厚拟。另，《教育世界》第一六六号刊载的《教育丛书第七集总目》中，在"论说及代论"下列举《〈人间词乙稿〉序》，作者一栏署"王国维撰"，当为王国维所自陈。

二十三

欧公《蝶恋花》"面旋落花"云云,字字沉响,殊不可及。

(录自王国维旧藏《六一词》眉间批语。)

二十四

《片玉词》"良夜灯光簇如豆"①一首,乃改山谷《忆帝京》词为之者,似屯田最下之作,非美成所宜有也。②

(录自王国维旧藏《片玉词》眉间批语。)

二十五

温飞卿《菩萨蛮》:"雨后却斜阳,杏花零落香。"少游之"雨余芳草斜阳。杏花零落燕泥香"③虽自此脱胎,而实有出蓝之妙。

(第二十五至第二十九条录自王国维旧藏《词辨》眉间批语。)

---

① 出自周邦彦《青玉案》(良夜灯光簇如豆)。
② 此条中,王国维怀疑《青玉案》一首写艳情,风格上不似周邦彦,而似柳永,但并未给出定论。在写《清真先生遗事》时,则明确指出此首"绝非先生作"。
③ 出自秦观《画堂春·春情》。现行本多作"杏花零乱燕泥香"。

二十六

白石尚有骨,玉田则一乞人耳。

二十七

美成词多作态,故不是大家气象。若同叔、永叔虽不作态,而一笑百媚生矣。此天才与人力之别也。

二十八

周介存谓:"白石以诗法入词,门径浅狭,如孙过庭书,但便后人模仿。"[①]予谓近人所以崇拜玉田,亦由于此。

二十九

予于词,五代喜李后主、冯正中而不喜《花间》。宋喜同叔、永叔、子瞻、少游而不喜美成。南宋只爱稼轩一人,而最恶梦窗、玉田。介存《词辨》所选词,颇多不当人意;而其论词则多独到之语。始知天下固有具眼人,非予一人之私见也。

---

① 出自清代周济《介存斋论词杂著》。孙过庭,唐代书法家。

第二课　美学教育

论教育之宗旨

教育之宗旨何在？在使人为完全之人物而已。何谓完全之人物？谓人之能力无不发达且调和是也。人之能力分为内外二者：一曰身体之能力，一曰精神之能力。发达其身体而萎缩其精神，或发达其精神而罢敝其身体，皆非所谓完全者也。完全之人物，精神与身体必不可不为调和之发达。而精神之中又分为三部：知力①、感情及意志是也。对此三者而有真美善之理想：真者知力之理想，美者感情之理想，善者意志之理想也。完全之人物，不可不备真善美之三德。欲达此理想，于是教育之事起。教育之事亦分为三部：智育、德育（即意育）、美育（即情育）是也。如佛教之一派及希腊罗马之斯多葛派，抑压人之感情，而使其能力专发达于意志之方面；又如近世斯宾塞②之专重智育，虽非不切中一时之利弊，皆非完全之教育也。完全之教育，不可不备此三者，今试言其大略。

一、智育　人苟欲为完全之人物，不可无内界及外界之知

---

① 知力：即智力。
② 指赫伯特·斯宾塞，英国哲学家。

识,而知识之程度之广狭,应时地不同。古代之知识,至近代而觉其不足;闭关自守时之知识,至万国交通时而觉其不足。故居今之世者,不可无今世之知识。知识又分为理论与实际二种。溯其发达之次序,则实际之知识常先于理论之知识;然理论之知识发达后,又为实际之知识之根本也。一科学如数学、物理学、化学、博物学等,皆所谓理论之知识。至应用物理、化学于农工学,应用生理学于医学,应用数学于测绘等,谓之实际之知识。理论之知识乃人人天性上所要求者,实际之知识则所以供社会之要求,而维持一生之生活。故知识之教育,实必不可缺者也。

二、德育 然有知识而无道德,则无以得一生之福祉,而保社会之安宁,未得为完全之人物也。夫人之生也,为动作也,非为知识也。古今中外之哲人,无不以道德为重于知识者,故古今中外之教育,无不以道德为中心点。盖人人至高之要求,在于福祉,而道德与福祉实有不可离之关系。爱人者人恒爱之,敬人者人恒敬之。不爱敬人者反是。如影之随形,响之随声,其效不可得而诬也。《书》云:"惠迪吉,从逆凶。"[1]希腊古贤所唱福德合一论[2],固无古今中外之公理也。而道德之本原,又由内界出而非外铄[3]我者。张皇[4]而发挥之,此又教育之任也。

三、美育 德育与智育之必要,人人知之,至于美育有不得

---

[1] 此句译为:顺应天道就吉祥,违逆天道就有灾祸。
[2] 苏格拉底说:"德性与幸福相伴。"
[3] 外铄:外力。
[4] 张皇:壮大。

不一言者。盖人心之动,无不束缚于一己之利害;独美之为物,使人忘一己之利害,而入高尚纯洁之域,此最纯粹之快乐也。孔子言志,独与曾点;又谓"兴于诗","成于乐"。希腊古代之以音乐为普通学之一科,及近世谢林、席勒等之重美育学,实非偶然也。要之,美育者,一面使人之感情发达,以达完美之域;一面又为德育与智育之手段,此又教育者所不可不留意也。

然人心之知、情、意三者,非各自独立,而互相交错者。如人为一事时,知其当为者,知也,欲为之者,意也,而当其为之前又有苦乐之情伴之,此三者不可分离而论之也。故教育之时,亦不能加以区别。有一科而兼德育、智育者,有一科而兼美育、德育者,又有一科而兼此三者。三者并行而得渐达真善美之理想,又加以身体之训练,斯得为完全之人物,而教育之能事毕矣。

$$\text{教育之宗旨} \begin{cases} \text{体育} \\ \text{心育} \begin{cases} \text{智育} \\ \text{德育} \\ \text{美育} \end{cases} \end{cases} \text{完全之人物}$$

文学与教育

生百政治家,不如生一大文学家。何则?政治家与国民以物质上之利益,而文学家与以精神上之利益。夫精神之于物质,二者孰重?且物质上之利益,一时的也;精神上之利益,永久的也。前人政治上所经营者,后人得一旦而坏之。至古今之大著述,苟其著述一日存,则其遗泽且及于千百世而未沫。故希腊之有荷马也,意大利之有但丁也,英吉利之有莎士比亚也,德意志之有歌德也,皆其国人人之所尸而祝之,社而稷之①者,而政治家无与焉。何则?彼等诚与国民以精神上之慰藉,而国民之所恃以为生命者,若政治家之遗泽,决不能如此广且远也。

今之混混然输入于我中国者,非泰西②物质的文明乎?政治家与教育家,坎然自知其不彼若,毅然法之。法之诚是也,然回顾我国民之精神界则奚若?试问我国之大文学家,有足以代表全国民之精神,如希腊之荷马、英之莎士比亚、德之歌德者乎?吾人所不能答也。其所以不能答者,殆无其人欤?抑有之而吾

---

① 尸而祝之,社而稷之:把他当作神灵祭祀。引申为学习、效法。
② 泰西:泛指西方国家。

人不能举其人以实之欤？二者必居一焉。由前之说，则我国之文学不如泰西；由后之说，则我国之重文学不如泰西。前说我所不知，至后说，则事实皎然，无可讳也。我国人对文学之趣味如此，则于何处得其精神之慰藉乎？求之于宗教欤？则我国无固有之宗教，印度之佛教亦久失其生气。求之于美术①欤？美术之匮乏，亦未有如我中国者也。则夫蚩蚩之氓，除饮食男女外，非鸦片赌博之归而奚归乎！故我国人之嗜鸦片也，有心理的必然性，与西人之细腰、中人之缠足有美学的必然性无以异。不改服制而禁缠足，与不培养国民之趣味而禁鸦片，必不可得之数也。夫吾国人对文学之趣味既如此，况西洋物质的文明又有滔滔而入中国，则其压倒文学，亦自然之势也。夫物质的文明，取诸他国，不数十年而具矣，独至精神上之趣味，非千百年之培养与一二天才之出不及此。而言教育者不为之谋，此又愚所大惑不解者也。

---

① 王国维所说的"美术"多指广义的艺术（Art），包括文学、建筑、绘画、雕刻等。

论小学校唱歌科之教材

今日教育上有一可喜之现象,则音乐研究之勃兴是也。二三年来,学校唱歌集之出版者以数十计。大都会之小学校,亦往往设唱歌一科,至"夏期音乐研究会"等,时有所闻焉。然就唱歌集之材料观之,则吾人不能不谓提倡音乐、研究音乐者之大半于此科之价值实尚未尽晓也。夫音乐之形而上学的意义(如古代希腊毕达哥拉斯及近世叔本华之音乐说)姑不具论,但就小学校所以设此科之本意言之,则:(一)调和其感情;(二)陶冶其意志;(三)练习其聪明官①及发声器是也。(一)与(三)为唱歌科自己之事业,而(二)则为修身科与唱歌科公共之事业。故唱歌科之目的,自以前者为重;即就后者言之,则唱歌科之补助修身科,亦在形式而不在内容(歌词)。虽有声无词之音乐,自有陶冶品性,使之高尚和平之力,固不必用修身科之材料为唱歌科之材料也。故选择歌词之标准,宁从前者而不从后者。若徒以干燥、拙劣之词,述道德上之教训,恐第二目的未达,而已失其第一之目的矣。欲达第一目的,则于声音之美外,自当益以歌词之

---

① 聪明官:耳与目。

美;而就歌词之美言之,则今日作者之自制曲,其不如古人之名作审矣①。或谓古人之名作不必合于小学教育之目的与程度,然古诗中之咏自然之美及古迹者,亦正不乏此等材料,以有具体的性质而可以呈于儿童之直观故,故较之道德上抽象之教训反为易解;且可与历史、地理及理科中之材料相联络,而其对修身科之联络,则宁与体操科等。盖一在养其感情,一在强其意志,其关系乃普遍关系,而不关于材质之意义也。循此标准,则唱歌科庶不致为修身科之奴隶,而得保其独立之位置欤?

---

① 审矣:指事情清楚明白。

孔子之美育主义

诗云:"世短意常多,斯人乐久生。"岂不悲哉！人之所以朝夕营营者,安归乎？归于一己之利害而已。人有生矣,则不能无欲;有欲矣,则不能无求;有求矣,不能无生得失,得则淫,失则戚:此人人之所同也。世之所谓道德者,有不为此嗜欲之羽翼者乎？所谓聪明者,有不为嗜欲之耳目者乎？避苦而就乐,喜得而恶丧,怯让而勇争,此又人人之所同也。于是,内之发于人心也,则为苦痛;外之见于社会也,则为罪恶。然世终无可以除此利害之念,而泯人己之别者欤？将社会之罪恶固不可以稍减,而人心之苦痛遂长此终古欤？曰:有,所谓"美"者是已。

美之为物,不关于吾人之利害者也。吾人观美时,亦不知有一己之利害。德意志之大哲人康德,以美之快乐为不关利害之快乐(Disinterested Pleasure)。至叔本华而分析观美之状态为二原质:(一)被观之对象,非特别之物,而此物之种类之形式;(二)观者之意识,非特别之我,而纯粹无欲之我也。(《意志及观念之世界》①第一册二百五十三页)何则？由叔氏之说,人之

---

① 即《作为意志和表象的世界》。

根本在生活之欲,而欲常起于空乏。既偿此欲,则此欲以终;然欲之被偿者一,而不偿者十百;一欲既终,他欲随之:故究竟之慰藉终不可得。苟吾人之意识而充以嗜欲乎?吾人而为嗜欲之我乎?则亦长此辗转于空乏、希望与恐怖之中而已,欲求福祉与宁静,岂可得哉!然吾人一旦因他故而脱此嗜欲之网,则吾人之知识已不为嗜欲之奴隶,于是得所谓无欲之我。无欲故无空乏,无希望,无恐怖;其视外物也,不以为与我有利害之关系,而但视为纯粹之外物。此境界唯观美时有之。苏子瞻所谓"寓意于物"(《宝绘堂记》),邵子曰"圣人所以能一万物之情者,谓其能反观也。所以谓之反观者,不以我观物也。不以我观物者,以物观物之谓也。既能以物观物,又安有我于其间哉?"(《皇极经世·观物内篇》七),此之谓也。其咏之于诗者,则如陶渊明云:"采菊东篱下,悠然见南山。山气日夕佳,飞鸟相与还。此中有真意,欲辨已忘言。"[①]谢灵运云:"昏旦变气候,山水含清晖。清晖能娱人,游子憺忘归。"[②]或如拜伦云:"I live not in myself, but I become portion of that around me; and to me high mountains are a feeling."[③]皆善咏此者也。

夫岂独天然之美而已,人工之美亦有之。宫观之瑰杰,雕刻之优美雄丽,图画之简淡冲远,诗歌音乐之直诉人之肺腑,皆使

---

① 出自《饮酒》之五。
② 出自《石壁精舍还湖中作》。
③ 意为:我并非生活于自我中,而是成为周围的一部分。对我而言,高山是一种感觉。

人达于无欲之境界。故泰西自亚里士多德以后,皆以美育为德育之助。至近世,夏夫兹博里、哈奇生等皆从之。及德意志之大诗人席勒出,而大成其说,谓人日与美相接,则其感情日益高,而暴慢鄙倍之心自益远。故美术者,科学与道德之生产地也。又谓审美之境界乃不关利害之境界,故气质之欲灭,而道德之欲得由之以生。故审美之境界乃物质之境界与道德之境界之津梁也①。于物质之境界中,人受制于天然之势力;于审美之境界则远离之;于道德之境界则统御之。(席勒《论人类美育之书简》②)由上所说,则审美之位置犹居于道德之次。然席勒后日更进而说美之无上之价值,曰:"如人必以道德之欲克制气质之欲,则人性之两部犹未能调和也,于物质之境界及道德之境界中人性之一部,必克制之以扩充其他部。然人之所以为人,在息此内界之争斗,而使卑劣之感跻于③高尚之感觉。如康德之严肃论中气质与义务对立,犹非道德上最高之理想也。最高之理想存于美丽之心(Beautiful Soul),其为性质也,高尚纯洁,不知有内界之争斗,而唯乐于守道德之法则,此性质唯可由美育得之。"(文德尔班《哲学史》④第六百页)此席勒最后之说也。顾无论美之与善,其位置孰为高下,而美育与德育之不可离,昭昭然矣。

---

① 津梁:渡口与桥梁,指具有引导作用的事物。
② 即《审美教育书简》。
③ 跻(jī)于:登上。此处意指在……之上。
④ 即《哲学史教程》。文德尔班,德国哲学家。

今转而观我孔子之学说。其审美学上之理论虽不可得而知,然其教人也,则始于美育,终于美育。《论语》曰:"小子何莫学夫诗。诗可以兴,可以观,可以群,可以怨。迩之事父,远之事君。多识于鸟兽草木之名。"又曰:"兴于诗,立于礼,成于乐。"其在古昔,则胄子①之教,典于后夔;大学之事,董②于乐正。然则以音乐为教育之一科,不自孔子始矣。荀子说其效曰:"乐者,圣人之所乐也,而可以善民心。其感人深,其移风易俗。……故乐行而志清,礼修而行成,耳目聪明,血气和平,移风易俗,天下皆宁。"(《乐论》)此之谓也。故"子在齐闻《韶》",则"三月不知肉味"③。而《韶》乐之作,虽絜壶之童子,其视精,其行端。音乐之感人,其效有如此者。

且孔子之教人,于诗乐外,尤使人玩天然之美。故习礼于树下,言志于农山,游于舞雩,叹于川上,使门弟子言志,独与曾点。点之言曰:"莫春者,春服既成,冠者五六人,童子六七人,浴乎沂,风乎舞雩,咏而归。"④由此观之,则平日所以涵养其审美之情者可知矣。之人也,之境也,固将磅礴万物以为一,我即宇宙,宇宙即我也。光风霁月不足以喻其明,泰山华岳不足以语其高,南溟渤澥不足以比其大。邵子所谓"反观"者非欤?叔本华所谓"无欲之我"、席勒所谓"美丽之心"者非欤?此时之境界,无

---

① 胄子:帝王或贵族的长子。
② 典、董:管理。
③ 出自《论语·述而》。
④ 出自《论语·先进》。

希望,无恐怖,无内界之争斗,无利无害,无人无我,不随绳墨而自合于道德之法则。一人如此,则优入圣域;社会如此,则成华胥之国。孔子所谓"安而行之",与席勒所谓乐于守道德之法则者,舍美育无由矣。

霍恩①氏之美育说

霍恩于所著《教育之哲学》②中论之曰:"罗森克兰兹及斯宾塞等之研究教育理论也,于美育一事,弃而不顾,此不得不谓为缺憾。今于教育之新哲学中,其思所以弥之者矣。"由是观之,霍氏之于教育原理中,明明以美育为重,可知也。然氏于此书,却未详说美育之事,读者引为遗憾。或谓霍氏此书,别无独得之见,唯其取前说而排比之,能秩序整然,故足多尔。

厥后霍氏复著一书,题曰《教育之心理学的原理》。其第三篇为"情育论",中有"审美教育"一章。此章之说极新,霍氏殆自以为独得之见乎? 今先述其说之内容,而试加以品评焉。

审美教育之性质

感情生活之发展之最高者,美之理想也。审美教育者何? 培养其趣味而发展其美之感觉也。趣味者何? 美术价值之知识

---

① 霍恩(Herman Harrell Horne):美国教育家、哲学家。
② 即《教育哲学》。

的辨别，与对美术制作物之情操的感受也。审美教育之最初目的，关于壮大之自然及人间，在能教育儿童，使知以美术物供其娱乐之用而已。其次，则贵能评量美术的价值。氏引罗斯金①之言以明之曰："凡对少年之士及非专门家之学子，不在使之自得其技术，知品评他人之技术而得其正鹄②，斯为要尔。"是故为教员者，但能养成儿童俾③知以智识地赏玩美术，则既足矣，其余之事非所关也。

审美教育所以为人忽视之故

以审美教育与体育、智育、德育等比较观之，则美育之为世人所忽视，亦固其宜。此其理由有三焉：（一）以其属情育之一部，故美育之于近世教育中，不能占独立之地步。如赫尔巴特④，即于智力及意志外，不予感情以独立之价值。此外，叔本华然也，包尔生⑤亦然也。要之皆以审美的感觉赅括于情操之下，而于意志论中述之矣。（二）以学科课目中所含审美的教材，以较智识的教材、道德的教材，所占范围绝小。（三）巧妙而有势力之议论，能使人于技术⑥之重要，转至淡焉若忘。如罗森

---

① 罗斯金：英国文艺批评家。
② 正鹄（gǔ）：箭靶中心，引申为正确目的。
③ 俾：使。
④ 赫尔巴特：德国哲学家、教育家。
⑤ 包尔生：德国哲学家。
⑥ 此处指艺术。

克兰兹之《教育之哲学》①,于健康真理宗教道德之理想,谆谆论之;而于美之理想,则不置一词。又如斯宾塞之《教育论》,其被影响于教育界也,殆五十年之久,而彼于审美的兴味,等闲视之,一若以文学技术为无益之举。其言曰:"文学技术占生涯之余暇之部分,故当属教育以外之事耳。"方功利主义风靡一时之秋,则美育之为其人所忽视,又奚足怪哉!

卢梭之审美教育说

卢梭之著《爱弥儿》也,其教育之一般目的,未可谓为高远。彼非欲得笃实坚固委身徇道之人物,欲学者得平和闲雅之境遇耳;非欲其进取地之计画,欲其以受动地享娱乐之生涯耳。卢氏教育之目的如此,诚未可言高远。虽然,彼于审美教育之价值,则能认见之矣。卢梭曰:"使爱弥儿就一切事物感其为美而爱之,是所以固定其爱情,保持其趣味也;所以遏其自然之欲望,而使之不至堕落也;所以防其卑劣之心情,而不至以财帛为幸福也。"移卢氏此言以观今日社会之况,则诚有所见矣。

柏拉图之审美教育说

上而溯柏拉图之审美教育说,可见其较斯氏之说为更高远

---

① 即《教育学体系》,其由美国布莱克特译为英文时,取名《教育哲学》。

矣。斯氏言使吾人遂完全之生活者乃教育之所任。斯说也与柏拉图同。然所谓完全之生活,意义迥异。何则?前者仅指物质的现象,后者则于灵魂之无穷之运命亦赅而言之也。实则希腊思想所远贶①于近时世界者,即所谓"美"是已。柏拉图于《理想的国家》②中有言曰:"使吾人之守护者,于缺损道德的调和之幻梦中,成长为人,吾人之所不好也。愿使我技术家有天禀之能力而能辨别'美'与'雅'之真性质,则彼辈青年庶得托足于健全之境遇耳。"以言高尚之训练,殆未有逾此者也。

"健全之精神宿于健全之身体",罗马人之理想也;而"美之精神宿于美之身体",则希腊人之理想。吾人既欲实现前者之理想,亦愿实现后者之理想。

审美教育之重要

由上之说,则开拓儿童之美的感觉,果如何重要乎?今欲就四项详说之:(一)审美之休养的价值。(二)社会的价值。(三)心理的价值。(四)伦理的价值。

美育之休养的价值

凡人于日日为事时,不可无休养。审美的教育即为此之故,而于人间之智的生活中,诱导游戏之分子,而保持之者也。审美

---

① 贶(kuàng):赠予。
② 即《理想国》。

的感动即对美之观念之快感。而常能诱起其感情者,不外美术的建筑物、雕刻、绘画、诗歌、音乐或自然景色之类。吾人之心意,常由此等而进于幸福之冥想。而其所为冥想也,决非为吾人之利用厚生①,唯归于吾人生活之完全耳。故此等诸端,实为吾人自身供娱乐之用者。一切技术决无期满足于未来之性质,唯于现在之时、现在之处,供给吾人以满足而已。是故为自身而与以快感者,即审美的快感。以此义言,则吾人即于日常之业务,亦得发见审美的要素于其中。同一事也,以审美的企图之,则感为快,不然则感为苦。吾人之灵魂,得由审美的技术而脱离苦痛。斯义也,叔本华之哲学中既言之,学者所共稔也。吾人于纷纭万状之生涯中,而得技术以维持其游戏之分子,此所以增人间之悦乐,而因之占人类生存之胜利耳。故虽谓人类之绝对的利益,全出审美教育之赐,亦何不可之有?

美育之社会学的价值

以社会学见地观之,则审美教育者,所以于完全之人类的境遇,调和人间者也。人类以科学、历史、技术为世世相遗之产业。故教育之责,即在以是等遗产传诸新时代,而期其合宜焉尔。教育者苟忽视美育,非既与教育之本义大相剌谬②耶?吾人之灵魂,未达于审美的醒觉,则不能具感受之灵性。故其灵魂唯往来于科学的事实、历史的事实之范围中,欲以达人类之理想之境

---

① 利用厚生:使物尽其用,民生富裕。
② 剌谬:违背。

遇，奚其可？

美育之心理学的价值

以心理学的见地观之，则个人意识之完全发达，亦以美育为必要。意识者，不但有知的意的性质，又一面有情的性质。而美之感觉，实吾人感情生活中最高尚之部分也。偏于智识则冷静，偏于实际则褊狭①，知所谓美而爱之，则冷者温，狭者广矣。人之灵魂，对偏于智识者而告之曰："汝亦知智识而外，尚有不能以知识记载者乎？"又对偏于实际者而告之曰："汝知人世所谓有益者之外，尚有有价值者乎？"真理之智识使人能辨别事物，而不能使之爱好事物。善良之意志足以匡正人心，而不足以感动人心。欲使人间生活进于完全，则尚有一义焉，曰：真知其为美而爱之者是已。

美育之伦理的价值

吾人于审美教育中，又见其有伦理的价值。欲彰斯义，诚难求详。然知其为恶德，则觉有丑劣不堪之象横于目前；知其为美德，则恍有美艳夺人之色炫于胸中。是说也，其诸人人所皆首肯者乎？固知所谓恶德，亦有时以虚饰而惑人；所谓美德，亦有时以严酷而逆物。然见恶德而觉其丑恶时，吾之审美的灵性必斥之；见美德而觉其美丽时，吾之审美的灵性必与之：斯固无容疑议者也。不论何时何地，人间之行为常与道德的基本一致，故

---

① 褊（biǎn）狭：狭隘。

其内容可谓之为正。然至实现其行为之动机,则与云道德的,宁谓为审美的。要之,人间之行为,于其内容则道德的也,于其计画则审美的也。是故不为美而仅为正义之行为,终不能有伦理的价值也。

审美教育之实际问题

由前之说而知审美教育之重要矣。于是遂生一实际问题焉,曰:学校于美育一事,宜如何而后可？从吾人之要求,则亦无他,修养美的感觉,获得美的意识是已。美之感觉何以修养？曰:唯吾之耳目与灵魂,对人间及自然之事业,而觉悟其为完全之时,可以得之。譬如睹精巧之雕刻物,观神妙之绘画,闻抑扬宛转之音乐,读深邃高远之文学,山川日月,草木万物,贶我以和平之心情,畀①我以昂藏之意气。于斯时也,吾人对耳目所接触者,感其物之完全,而悦乐生焉,则美之感觉克受修养之益矣。如此审美的经验,即以吾人感情的感触其所爱好之事物,而人类经验中最高尚之形式也。若于此外更求高尚之经验,其唯宗教的感情乎？然而宗教的感情,亦不外完全之美的要素,既人格化,而人间以意识的而结合之者耳。

宜利用境遇之感化

然则于学校中,开拓美之感觉,当何如乎？ 窃以为其最要

---

① 畀(bì):给予。

者,在利用境遇之感化,使家庭学校之一切要素,悉为审美的,则儿童日处其中,所受感化必大矣。

宜推广技能之学科课程

今世虽以文学为美术之一,于学科课程中颇占相宜之地位,然其余技术似不应下于文学,窃谓自今以往,亦宜注重。如唱歌,如玩奏乐器,皆宜加意肄习①。如木工、金工、抟土等,宜于实用的外,更加以审美的。如于图画及其他学科,宜教以形色之要素是也。

宜改良技能科之教法

自然研究之教授法,不可仅如今日之为科学的。于读书教授法则,此后宜留意于趣味一面。初等国文科之教材,亦宜多采单简之叙事诗或神话的要素,不可过列近时之作。如是,庶可避今世言语学的文法之弊,而于文学的形式及其理想,乃能玩味之矣。又如劝诱儿童,频往来于教育博物馆或美术陈列所,是亦其一端也。

宜创造审美的之校风

以此义言,必有自由安适及德行优秀诸点,而后可谓之为美。

---

① 肄习:练习。

宜培养审美的之教师

教师为儿童之表率,故欲举美育之功,则教者自身不可不先为审美的。故教室中之行为及日常之举动,其风采容仪不可不慎。捐时力财力之几分,肄习诗歌音乐书画之类,以为自己修养之资,斯固为教师者所不可少之要义也。

霍恩之美育说大略如右。其说平淡无精义,名高如霍氏,而其立说仅如此,似不足副吾辈之宿望。且彼自谓近人之忽视美育,一以置美育于情育之中故,而彼反自蹈其弊。又谓美育之不振,由学科课程中含美的要素者少,然美育之于学科课程中,其位置宜若何,其分量宜若何,亦未切实言之,未可谓为得也。虽然,以趣味枯索如今日之教育界,而得霍氏之热心鼓吹,一促时人之反省,其为功也固亦伟矣!今是以介绍其学说,亦窃愿今世学者知美育之重要,而相与从事研究云尔。

# 第三课　美学漫谈

屈子文学之精神

我国春秋以前，道德政治上之思想可分之为二派：一帝王派，一非帝王派。前者称道尧、舜、禹、汤、文、武，后者则称其学出于上古之隐君子（如庄周所称广成子之类），或托之于上古之帝王。前者近古学派，后者远古学派也；前者贵族派，后者平民派也；前者入世派，后者遁世派（非真遁世派，知其主义之终不能行于世，而遁焉者也）也；前者热性派，后者冷性派也；前者国家派，后者个人派也；前者大成于孔子、墨子，而后者大成于老子（老子，楚人，在孔子后，与孔子问礼之老聃系二人。说见汪容甫《述学·老子考异》），故前者北方派，后者南方派也。此二派者，其主义常相反对，而不能相调和，观孔子与接舆、长沮、桀溺、荷蓧丈人之关系，可知之矣。战国后之诸学派，无不直接出于此二派，或出于混合此二派，故虽谓吾国固有之思想不外此二者可也。

夫然，故吾国之文学，亦不外发表二种之思想。然南方学派则仅有散文的文学，如老子、庄、列是已。至诗歌的文学，则为北方学派之所专有。《诗三百篇》大抵表北方学派之思想者也，虽其中如《考槃》《衡门》等篇,略近南方之思想,然北方学者所谓"用之则行,舍之则藏","有道则见,无道则隐"者,亦岂有异于是哉?故此等谓之南北公共之思想则可,必非南方思想之特质也。然则诗歌的文学,所以独出于北方之学派中者,又何故乎?

诗歌者,描写人生者也(用德国大诗人席勒之定义)。此定义未免太狭,今更广之曰描写自然及人生,可乎?然人类之兴味,实先人生而后自然,故纯粹之模山范水、流连光景之作,自建安以前,殆未之见。而诗歌之题目,皆以描写自己之感情为主。其写景物也,亦必以自己深邃之感情为之素地①,而始得于特别之境遇中,用特别之眼观之。故古代之诗所描写者,特人生之主观的方面;而对人生之客观的方面及纯处于客观界之自然,断不能以全力注之也。故对古代之诗,前之定义宁苦其广,而不苦其隘也。

诗之为道,既以描写人生为事,而人生者,非孤立之生活,而在家族、国家及社会中之生活也。北方派之理想,置于当日之社会中;南方派之理想,则树于当日之社会外。易言以明之,北方派之理想,在改作旧社会;南方派之理想,在创造新社会。然改作与创造,皆当日社会之所不许也。南方之人,以长于思辨,而短于实行,故知实践之不可能,而即于其理想中求其安慰之地,故有遁世无闷、嚣然自得以没齿者矣。若北方之人,则往往以坚忍之志,强毅之气,持其改作之理想,以与当日之社会争;而社会之仇视之也,亦与其仇视南方学者无异,或有甚焉。故彼之视社

---

① 素地:白底色,指基础。

崔白 《双喜图》

崔白 《沙渚凫雏》

会也,一时以为寇,一时以为亲,如此循环,而遂生欧穆亚(Humour)①之人生观。《小雅》中之杰作,皆此种竞争之产物也。且北方之人,不为离世绝俗之举,而日周旋于君臣、父子、夫妇之间,此等在在界以诗歌之题目,与以作诗之动机。此诗歌的文学所以独产于北方学派中,而无与于南方学派者也。

然南方文学中,又非无诗歌的原质也。南人想象力之伟大丰富,胜于北人远甚。彼等巧于比类,而善于滑稽,故言大则有若北溟之鱼,语小则有若蜗角之国;语久则大椿冥灵,语短则蟪蛄朝菌;至于襄城之野,七圣皆迷;汾水之阳,四子独往:此种想象决不能于北方文学中发见之。故庄、列书中之某部分,即谓之散文诗,无不可也。夫儿童想象力之活泼,此人人公认之事实也。国民文化发达之初期亦然,古代印度及希腊之壮丽之神话,皆此等想象之产物。以我中国论,则南方之文化发达较后于北方,则南人之富于想象,亦自然之势也。此南方文学中之诗歌的特质之优于北方文学者也。

由此观之,北方人之感情,诗歌的也,以不得想象之助,故其所作遂止于小篇;南方人之想象,亦诗歌的也,以无深邃之感情之后援,故其想象亦散漫而无所丽②,是以无纯粹之诗歌。而大诗歌之出,必须俟北方人之感情与南方人之想象合而为一,即必通南北之驿骑而后可,斯即屈子其人也。

---

① 意为幽默,此处王国维用以指一种对磨难的达观态度,实则为其对此词的误读。
② 丽:依附。

屈子南人而学北方之学者也。南方学派之思想，本与当时封建贵族之制度不能相容。故虽南方之贵族，亦常奉北方之思想焉。观屈子之文，可以征①之。其所称之圣王，则有若高辛、尧、舜、禹、汤、少康、武丁、文、武，贤人则有若皋陶、挚说、彭、咸（谓彭祖、巫咸，商之贤臣也，与"巫咸将夕降兮"之巫咸，自是二人，《列子》所谓"郑有神巫，名季咸"者也）、比干、伯夷、吕望、宁戚、百里、介推、子胥，暴君则有若夏启、羿、浞、桀、纣，皆北方学者之所常称道，而于南方学者所称黄帝、广成等不一及焉。虽《远游》一篇，似专述南方之思想，然此实屈子愤激之词，如孔子之居夷浮海，非其志也。《离骚》之卒章，其旨亦与《远游》同，然卒曰："陟升皇之赫戏兮，忽临睨夫旧乡。仆夫悲余马怀兮，蜷局顾而不行。"《九章》中之《怀沙》，乃其绝笔，然犹称重华、汤、禹，足知屈子固彻头彻尾抱北方之思想，虽欲为南方之学者，而终有所不慊②者也。

屈子之自赞曰"廉贞"。余谓屈子之性格，此二字尽之矣。其廉固南方学者之所优为，其贞则其所不屑为，亦不能为者也。女媭之詈，巫咸之占，渔父之歌，皆代表南方学者之思想，然皆不足以动屈子。而知屈子者，唯詹尹一人。盖屈子之于楚，亲则肺腑，尊则大夫，又尝管内政外交上之大事矣，其于国家既同累世之休戚，其于怀王又有一日之知遇，一疏再放，而终不能易其志，于是其性格与境遇相待，而使之成一种之欧穆亚。《离骚》以下

---

① 征：证实。
② 不慊：不满。

诸作，实此欧穆亚所发表者也。使南方之学者处此，则贾谊（《吊屈原文》）、扬雄（《反离骚》）是，而屈子非矣。此屈子之文学，所负于北方学派者也。

然就屈子文学之形式言之，则所负于南方学派者，抑又不少。彼之丰富之想象力，实与庄、列为近。《天问》《远游》凿空之谈，求女谬悠之语，庄语之不足，而继之以谐，于是思想之游戏，更为自由矣。变《三百篇》之体而为长句，变短什而为长篇，于是感情之发表，更为宛转矣。此皆古代北方文学之所未有，而其端自屈子开之。然所以驱使想象而成此大文学者，实由其北方之肫挚①的性格。此庄周等之所以仅为哲学家，而周秦间之大诗人，不能不独数屈子也。

要之，诗歌者，感情的产物也。虽其中之想象的原质（即知力的原质），亦须有肫挚之感情为之素地，而后此原质乃显。故诗歌者，实北方文学之产物，而非偎薄冷淡之夫所能托也。观后世之诗人，若渊明，若子美，无非受北方学派之影响者，岂独一屈子然哉！岂独一屈子然哉！

---

① 肫（zhūn）挚：真挚诚恳。

人间嗜好之研究

活动之不能以须臾息者,其唯人心乎?夫人心本以活动为生活者也。心得其活动之地,则感一种之快乐,反是则感一种之苦痛。此种苦痛,非积极的苦痛,而消极的苦痛也。易言以明之,即空虚的苦痛也。空虚的苦痛,比积极的苦痛,尤为人所难堪。何则?积极的苦痛,犹为心之活动之一种,故亦含快乐之原质;而空虚的苦痛,则并此原质而无之故也。人与其无生也,不如恶生;与其不活动也,不如恶活动。此生理学及心理学上之二大原理,不可诬也。人欲医此苦痛,于是用种种之方法,在西人名之曰"to kill time";而在我中国,则名之曰消遣。其用语之确当,均无以易,一切嗜好由此起也。

然人心之活动亦夥①矣。食色之欲,所以保存个人及其种姓之生活者,实存于人心之根柢,而时时要求其满足。然满足此欲,固非易易也,于是或劳心,或劳力,戚戚睊睊,以求其生活之道。如此者,吾人谓之曰工作。工作之为一种积极的苦痛,吾人之所经验也。且人固不能终日从事于工作,岁有闲月,月有闲

---

① 夥(huǒ):多样。

日,日有闲时,殊如生活之道不苦者。其工作愈简,其闲暇愈多,此时虽乏积极的苦痛,然以空虚之消极的苦痛代之。故苟足以供其心之活动者,虽无益于生活之事业,亦鹜而趋之。如此者,吾人谓之曰嗜好。虽嗜好之高尚卑劣万有不齐,然其所以慰空虚之苦痛而与人心以活动者,其揆①一也。

嗜好之为物,本所以医空虚的苦痛者,故皆与生活无直接之关系,然若谓其与生活之欲②无关系,则甚不然者也。人类之于生活,既竞争而得胜矣,于是此根本之欲复变而为势力③之欲,而务使其物质上与精神上之生活超于他人之生活之上。此势力之欲,即谓之生活之欲之苗裔,无不可也。人之一生,唯由此二欲以策④其知力及体力,而使之活动。其直接为生活故而活动时,谓之曰工作;或其势力有余,而唯为活动故而活动时,谓之曰嗜好。故嗜好之为物,虽非表直接之势力,亦必为势力之小影,或足以遂其势力之欲者,始足以动人心,而医其空虚的苦痛。不然,欲其嗜之也难矣。今吾人当进而研究种种之嗜好,且示其与生活及势力之欲之关系焉。

嗜好中之烟酒二者,其令人心休息之方面多,而活动之方面少。易言以明之,此二者之效,宁在医积极的苦痛,而不在医消极的苦痛。又此二者,于心理上之结果外,兼有生理上之结果,

---

① 揆(kuí):准则。
② "生活之欲"的概念来自叔本华,指生存下去并繁衍的欲望。
③ 此文中的"势力",可解释为权力、力量、精力。
④ 策:驱策。

而吾人对此二者之经验亦甚少,故不具论。今先论博弈①。夫人生者,竞争之生活也。苟吾人竞争之势力无所施于实际,或实际上既竞争而胜矣,则其剩余之势力,仍不能不求发泄之地。博弈之事,正于抽象上表出竞争之世界,而使吾人于此满足其势力之欲者也。且博弈以但表普遍的抽象的竞争,而不表所竞争者之为某物(故为金钱而赌博者不在此例),故吾人竞争之本能,遂于此以无嫌疑、无忌惮之态度发表之,于是得窥人类极端之利己主义。至实际之人生中,人类之竞争虽无异于博弈,然能如是之磊磊落落者鲜矣。且博与弈之性质,亦自有辨。此二者虽皆世界竞争之小影,而博又为运命之小影。人以执着于生活故,故其知力常明于无望之福,而暗于无望之祸。而于赌博之中,此无望之福时时有可能性,在以博之胜负,人力与运命二者决之;而弈之胜负,则全由人力决之故也。又但就人力言,则博者悟性上之竞争,而弈者理性上之竞争也。长于悟性者,其嗜博也甚于弈;长于理性者,其嗜弈也愈于博。嗜博者之性格,机警也,脆弱也,依赖也;嗜弈者之性格,谨慎也,坚忍也,独立也。譬之治生,前者如朱公居陶,居与时逐;后者如任氏之折节为俭,尽力田畜,亦致千金。人亦各随其性之所近,而欲于竞争之中,发见其势力之优胜之快乐耳。吾人对博弈之嗜好,殆非此无以解释之也。

若夫宫室、车马、衣服之嗜好,其适用之部分属于生活之欲,

---

① 博弈:这里指赌博和下棋。

而其妆饰之部分则属于势力之欲。驰骋、田猎、跳舞之嗜好,亦此势力之欲之所发表也。常人之对书画、古物也亦然。彼之爱书籍,非必爱其所含之真理也;爱书画古玩,非必爱其形式之优美古雅也。以多相炫,以精相炫,以物之稀而难得也相炫。读书者亦然,以博相炫。一言以蔽之,炫其势力之胜于他人而已矣。常人对戏剧之嗜好,亦由势力之欲出。先以喜剧(即滑稽剧)言之。夫能笑人者,必其势力强于被笑者也,故笑者实吾人一种势力之发表。然人于实际之生活中,虽遇可笑之事,然非其人为我所素狎①者,或其位置远在吾人之下者,则不敢笑。独于滑稽剧中,以其非事实故,不独使人能笑,而且使人敢笑,此即对喜剧之快乐之所存也。悲剧亦然。贺拉斯②曰:"人生者,自观之者言之,则为一喜剧;自感之者言之,则又为一悲剧也。"自吾人思之,则人生之运命固无以异于悲剧,然人当演此悲剧时,亦俯首杜口,或故示整暇,汶汶③而过耳。欲如悲剧中之主人公,且演且歌以诉其胸中之苦痛者,又谁听之,而谁怜之乎?夫悲剧中之人物之无势力之可言,固不待论。然敢鸣其苦痛者与不敢鸣其痛苦者之间,其势力之大小必有辨矣。夫人生中固无独语之事,而戏曲则以许独语故,故人生中久压抑之势力独于其中筐倾而篋倒之,故虽不解美术上之趣味者,亦于此中得一种势力之快乐。普通之人之对戏曲之嗜好,亦非此不足以解

---

① 狎:亲近。
② 贺拉斯:古罗马诗人。
③ 汶汶:心中糊涂。

释之矣。

若夫最高尚之嗜好,如文学、美术,亦不外势力之欲之发表。席勒既谓儿童之游戏存于用剩余之势力矣,文学、美术亦不过成人之精神的游戏,故其渊源之存于剩余之势力,无可疑也。且吾人内界之思想感情,平时不能语诸人或不能以庄语表之者,于文学中以无人与我一定之关系故,故得倾倒而出之。易言以明之,吾人之势力所不能于实际表出者,得以游戏表出之是也。若夫真正之大诗人,则又以人类之感情为其一己之感情。彼其势力充实,不可以已,遂不以发表自己之感情为满足,更进而欲发表人类全体之感情。彼之著作,实为人类全体之喉舌,而读者于此得闻其悲欢啼笑之声,遂觉自己之势力亦为之发扬而不能自已。故自文学言之,创作与赏鉴之二方面,亦皆以此势力之欲为之根柢也。文学既然,他美术何独不然?岂独美术而已,哲学与科学亦然。培根有言曰:"知识即势力也。"则一切知识之欲,虽谓之即势力之欲,亦无不可。彼等以其势力卓越于常人故,故不满足于现在之势力,而欲得永远之势力。虽其所用以得势力之手段不同,然其目的固无以异。夫然,始足以活动人心,而医其空虚的苦痛。以人心之根柢实为一生活之欲,若势力之欲,故苟不足以遂其生活或势力者,决不能使之活动。以是观之,则一切嗜好虽有高卑优劣之差,固无非势力之欲之所为也。

然余之为此论,固非使文学、美术之价值下齐于博弈也。不过自心理学言之,则此数者之根柢皆存于势力之欲,而其**作用皆在使人心活动,以疗其空虚之苦痛**。以此所论者,乃事实之问题,而非价值之问题故也。若欲抑制卑劣之嗜好,不可不易之以高尚之嗜好,不然,则必有溃决之一日。此又从人心活动之原理出,有教育之责及欲教育自己者,不可不知所注意焉。

文学小言

一

昔司马迁推本汉武时学术之盛,以为利禄之途使然。余谓一切学问皆能以利禄劝,独哲学与文学不然。何则?科学之事业,皆直接间接以厚生利用为旨,古未有与政治及社会上之兴味相刺谬者也。至一新世界观与新人生观出,则往往与政治及社会上之兴味不能相容。若哲学家而以政治及社会之兴味为兴味,而不顾真理之如何,则又绝非真正之哲学。以欧洲中世哲学之以辩护宗教为务者,所以蒙极大之污辱,而叔本华所以痛斥德意志大学之哲学者也。文学亦然。餔餟①的文学,绝非真正之文学也。

---

① 餔餟(būchuò):吃喝,指谋生。

二

文学者,游戏的事业也。人之势力用于生存竞争而有余,于是发而为游戏。婉娈之儿,有父母以衣食之,以卵翼之,无所谓争存之事也。其势力无所发泄,于是作种种之游戏。逮争存之事亟,而游戏之道息矣。唯精神上之势力独优,而又不必以生事为急者,然后终身得保其游戏之性质。而成人以后,又不能以小儿之游戏为满足,于是对其自己之感情及所观察之事物而摹写之,咏叹之,以发泄所储蓄之势力。故民族文化之发达,非达一定之程度,则不能有文学;而个人之汲汲于争存者,绝无文学家之资格也。

三

人亦有言:名者利之宾也。故文绣的文学之不足为真文学也,与铺锭的文学同。古代文学之所以有不朽之价值者,岂不以无名之见者存乎?至文学之名起,于是有因之以为名者,而真正文学乃复托于不重于世之文体以自见。逮此体流行之后,则又为虚玄矣。故模仿之文学,是文绣的文学与铺锭的文学之记号也。

四

　　文学中有二原质焉:曰景,曰情。前者以描写自然及人生之事实为主,后者则吾人对此种事实之精神的态度也。故前者客观的,后者主观的也;前者知识的,后者感情的也。自一方面言之,则必吾人之胸中洞然无物,而后其观物也深,而其体物也切;即客观的知识,实与主观的感情为反比例。自他方面言之,则激烈之感情,亦得为直观之对象、文学之材料;而观物与其描写之也,亦有无限之快乐伴之。要之,文学者,不外知识与感情交代之结果而已。苟无锐敏之知识与深邃之感情者,不足与于文学之事。此其所以但为天才游戏之事业,而不能以他道劝者也。

五

　　古今之成大事业大学问者,不可不历三种之阶级:"昨夜西风凋碧树。独上高楼,望尽天涯路"(晏同叔《蝶恋花》),此第一阶级也;"衣带渐宽终不悔,为伊消得人憔悴"(欧阳永叔[①]《蝶恋花》),此第二阶级也;"众里寻他千百度,蓦然回首,那人却在,灯火阑珊处"(辛幼安《青玉案》),此第三阶级也。未有不阅第一、第二阶级,而能遽跻第三阶级者。文学亦然。此有文学上之天才者,所以又需莫大之修养也。

---

① 实应为柳永,详见《人间词话删稿》注释。

六

三代以下之诗人,无过于屈子、渊明、子美、子瞻①者。此四子者苟无文学之天才,其人格亦自足千古。故无高尚伟大之人格,而有高尚伟大之文学者,殆未之有也。

七

天才者,或数十年而一出,或数百年而一出,而又须济之以学问,帅之以德性,始能产真正之大文学。此屈子、渊明、子美、子瞻等所以旷世而不一遇也。

八

"燕燕于飞,差池其羽。""燕燕于飞,颉之颃之。"②"睍睆黄鸟,载好其音。"③"昔我往矣,杨柳依依。"④诗人体物之妙,侔于造化,然皆出于离人、孽子、征夫之口,故知感情真者,其观物亦真。

---

① 即屈原、陶潜、杜甫、苏轼。
② 出自《诗经·邶风·燕燕》。
③ 出自《诗经·邶风·凯风》。
④ 出自《诗经·小雅·采薇》。

九

"驾彼四牡,四牡项领。我瞻四方,蹙蹙靡所骋。"①以《离骚》《远游》数千言言之而不足者,独以十七字尽之,岂不诡哉!然以讥屈子之文胜,则亦非知言者也。

十

屈子感自己之感,言自己之言者也。宋玉、景差感屈子之所感,而言其所言;然亲见屈子之境遇与屈子之人格,故其所言,亦殆与言自己之言无异。贾谊、刘向其遇略与屈子同,而才则逊矣。王叔师②以下,但袭其貌而无真情以济之。此后人之所以不复为楚人之辞者也。

十一

屈子之后,文学上之雄者,渊明其尤也。韦、柳③之视渊明,其如贾、刘之视屈子乎?彼感他人之所感,而言他人之所言,宜其不如李、杜也。

---

① 出自《诗经·小雅·节南山》。
② 即王逸,字叔师,东汉学者,作《九思》。
③ 即韦应物、柳宗元。

十二

宋以后之能感自己之感,言自己之言者,其唯东坡乎?山谷可谓能言其言矣,未可谓能感所感也。遗山以下亦然。若国朝之新城,岂徒言一人之言已哉?所谓"莺偷百鸟声"者也。

十三

诗至唐中叶以后,殆为羔雁之具矣。故五季、北宋之诗(除一二大家外)无可观者,而词则独为其全盛时代。其诗词兼擅如永叔、少游者,皆诗不如词远甚。以其写之于诗者,不若写之于词者之真也。至南宋以后,词亦为羔雁之具,而词亦替矣(除稼轩一人外)。观此足以知文学盛衰之故矣。

十四

上之所论,皆就抒情的文学言之(《离骚》、诗词皆是)。至叙事的文学(谓叙事传、史诗、戏曲等,非谓散文也),则我国尚在幼稚之时代。元人杂剧词则美矣,然不知描写人格为何事。至国朝之《桃花扇》则有人格矣,然他戏曲则殊不称是。要之,不过稍有系统之词,而并失词之性质者也。以东方古文学之国,而最高之文学无一足以与西欧匹者,此则后此文学家之责矣。

十五

抒情之诗,不待专门之诗人而后能之也。若夫叙事,则其所需之时日长,而其所取之材料富,非天才而又有暇日者不能。此诗家之数之所不可更仆数①,而叙事文学家殆不能及百分之一也。

十六

《三国演义》无纯文学之资格,然其叙关壮缪之释曹操,则非大文学家不办。《水浒传》之写鲁智深,《桃花扇》之写柳敬亭、苏昆生,彼其所为固毫无意义,然以其不顾一己之利害,故犹使吾人生无限之兴味,发无限之尊敬,况于观壮缪之矫矫者乎?若此者,岂真如康德所云,实践理性为宇宙人生之根本欤?抑与现在利己之世界相比较,而益使吾人兴无涯之感也?则选择戏曲、小说之题目者,亦可以知所去取矣。

十七

吾人谓戏曲、小说家为专门之诗人,非谓其以文学为职业也。以文学为职业,馆餟的文学也。职业的文学家,以文学得生

---

① 更仆数:计算。

活;专门之文学家,为文学而生活。今的文学之途,盖已开矣。吾宁闻征夫思妇之声,而不屑使此等文学嚣然污吾耳也。

叔本华与尼采

十九世纪中,德意志之哲学界有二大伟人焉:曰叔本华(Schopenhauer),曰尼采(Nietzsche)。二人者,以旷世之文才,鼓吹其学说也同;其说之风靡一世,而毁誉各半也同;就其学说言之,则其以意志为人性之根本也同。然一则以意志之灭绝,为其伦理学上之理想,一则反是;一则由意志同一之假说,而唱绝对之博爱主义,一则唱绝对之个人主义。夫尼采之学说,本自叔本华出,曷为而其终乃反对若是?岂尼采之背师?固若是其甚欤?抑叔本华之学说中,自有以启之者欤?自吾人观之,尼采之学说全本于叔氏,其第一期之说,即美术时代之说,其全负于叔氏,固可勿论;第二期之说,亦不过发挥叔氏之直观主义;其末期之说,虽若与叔氏相反对,然要之不外以叔氏之美学上之天才论,应用于伦理学而已。兹比较二人之说,好学之君子以览观焉。

叔本华由锐利之直观与深邃之研究,而证吾人之本质为意志,而其伦理学上之理想,则又在意志之寂灭。然意志之寂灭之可能与否,一不可解之疑问也(其批评见《红楼梦评论》第四章)。尼采亦以意志为人之本质,而独疑叔氏伦理学之寂灭说,谓欲寂灭此意志者,亦一意志也,于是由叔氏之伦理学出,而趋于其反对之方向;又幸而于叔氏之伦理学上所不满足者,于其美学中发见其可模仿之点,即其天才论与知力的贵族主义,实可为超人说之标本者也。要之,尼采之说,乃彻头彻尾发展其美学上之见解,而应用之于伦理学,犹哈特曼①之无意识哲学,发展其伦理学之见解者也。

叔氏谓吾人之知识,无不从充足理由之原则者,独美术之知识不然。其言曰:

> 一切科学,无不从充足理由原则之某形式者。科学之题目,但现象耳,现象之变化及关系耳。今有一物焉,超乎一切变化关系之外,而为现象之内容,无以名之,名之曰实念②。问此实念之知识为何?曰美术是已。夫美术者,实以静观中所得之实念,寓诸一物焉而再现之。由其所寓之物之区别,而或谓之雕刻,或谓之绘画,或谓之诗歌、音乐,然其唯一之渊源,则存于实念之知识,而又以传播此知识为其唯一之目的也。一切科学,皆从充足理由之形式。当其得一结论之理由也,此理由又不可无他物以为之理由,他理由亦然。譬诸混混长流,永无渟潴之日;譬诸旅行者,数周地球,而曾不得见天之有涯、地之有角。美术则不然,固无

---

① 即爱德华·冯·哈特曼,德国哲学家。
② 即英文中的 idea,现多译为理念。

往而不得其息肩之所也。彼由理由结论之长流中，拾其静观之对象，而使之孤立于吾前。而此特别之对象，其在科学中也，则藐然全体之一部分耳；而在美术中，则遽而代表其物之种族之全体，空间时间之形式对此而失其效，关系之法则至此而穷于用，故此时之对象，非个物而但其实念也。吾人于是得下美术之定义曰：美术者，离充足理由之原则而观物之道也。此正与由此原则观物者相反对。后者如地平线，前者如垂直线；后者之延长虽无限，而前者得于某点割之；后者合理之方法也，唯应用于生活及科学；前者天才之方法也，唯应用于美术；后者亚里士多德之方法，前者柏拉图之方法也；后者如终风暴雨，震撼万物，而无始终、无目的，前者如朝日漏于阴云之罅，金光直射，而不为风雨所摇；后者如瀑布之水，瞬息交易，而不舍昼夜，前者如涧畔之虹，立于輵輵澎湃之中，而不改其色彩。

（英译《意志及观念之世界》第一百三十八页至百四十页）

夫充足理由之原则，吾人知力最普遍之形式也。而天才之观美也，乃不沾沾于此。此说虽本于席勒（Schiller）之游戏冲动说，然其为叔氏美学上重要之思想，无可疑也。尼采乃推之于实践上，而以道德律之于超人，与充足理由原则之于天才一也。由叔本华之说，则充足理由之原则，非徒无益于天才，其所以为天才者，正在离之而观物耳。由尼采之说，则道德律非徒无益于超人，超道德而行动，超人之特质也。由叔本华之说，最大之知识，在超绝知识之法则。由尼采之说,最大之道德,在超绝道德之法则。天才存于知之无所限制,而超人存于意之无所限制。而限制吾人之知力者,充足理由之原则;限制吾人之意志者,道德律也。于是尼采由知之无限制说,转而唱意之无限制说。其《察拉图斯德拉》①第一篇中之首章,述灵魂三变之说曰:

> 察拉图斯德拉说法于五色牛之村,曰:吾为汝等说灵魂之三变。灵魂如何而变为骆驼,又由骆驼而变为狮,由狮而变为赤子乎?于此有重荷焉,强力之骆驼负之而趋,重之又重以至于无可增,彼固以此为荣且乐也。此重物何?此最重之物何?此非使彼卑弱而污其高严之衮冕者乎?此非使彼炫其愚而匿其知者乎?此非使彼拾知识之橡栗而冻饿以殉真理者乎?此非使彼离亲爱之慈母而与聋瞽为侣者乎?世有真理之水,使彼入水而友蛙龟者非此乎?使彼爱敌而与狞恶之神握手者非此乎?凡此数者,灵魂苟视其力之所能及,无不负也。如骆驼之行于沙漠,视其力之所能及,无不负也。既而风高日黯,沙飞石走,昔日柔顺之骆驼,变为猛恶之狮子,尽弃其荷,而自为沙漠主,索其敌之大龙而战之。于是昔日之主,今日之敌;昔日之神,今日之魔也。此龙何名?谓之"汝宜"。狮子何名?谓之"我欲"。邦人兄弟,汝等必为狮子,毋为骆驼。岂汝等任裁之日尚短,而负担尚未重欤?汝等其破坏旧价值(道德)而创作新价值,狮

---

① 即《查拉图斯特拉如是说》。

子乎？言乎破坏则足矣，言乎创作则未也。然使人有创作之自由者，非彼之力欤？汝等胡不为狮子？邦人兄弟，狮子之变为赤子也何故？狮子之所不能为，而赤子能之者何？赤子若狂也，若忘也，万事之源泉也，游戏之状态也，自转之轮也，第一之运动也，神圣之自尊也。邦人兄弟灵魂之为骆驼，骆驼之变而为狮，狮之变而为赤子，余既诏汝矣！

（英译《察拉图斯德拉》二十五至二十八页）

其赤子之说，又使吾人回想叔本华之天才论曰：

天才者，不失其赤子之心者也。盖人生至七年后，知识之机关即脑之质与量已达完全之域，而生殖之机关尚未发达，故赤子能感也，能思也，能教也，其爱知识也较成人为深，而其受知识也亦视成人为易。一言以蔽之曰：彼之知力盛于意志而已。即彼之知力之作用，远过于意志之所需要而已。故自某方面观之，凡赤子皆天才也。又凡天才自某点观之，皆赤子也。昔赫尔德（Herder）[①]谓歌德（Goethe）曰巨孩。音乐大家莫扎特（Mozart）亦终生不脱孩气，休利希台额路尔[②]谓彼曰："彼于音乐，幼而惊其长老，然于一切他事，则壮而常有童心者也。"

（英译《意志及观念之世界》第三册六十一页至六十三页）

---

① 赫尔德：德国哲学家。
② 英文作 Schlichtegroll，莫扎特传记作者。

至尼采之说超人与众生之别,君主道德与奴隶道德之别,读者未有不惊其与叔氏伦理学上之平等博爱主义相反对者。然叔氏于其伦理学及形而上学所视为同一意志之发现者,于知识论及美学上则分之为种种之阶级,故古今之崇拜天才者,殆未有如叔氏之甚者也。彼于其大著述第一书之补遗中,说知力上之贵族主义曰:

> 知力之拙者常也,其优者变也。天才者,神之示现也。不然,则宁有以八百兆之人民,经六千年之岁月,而所待于后人之发明思索者,尚如斯其众耶?夫大智者,固天之所吝,天之所吝,人之幸也。何则?小智于极狭之范围内,测极简之关系,此大智之冥想宇宙人生者,其事逸而且易。昆虫之在树也,其视盈尺以内,较吾人为精密,而不能见人于五步之外。故通常之知力,仅足以维持实际之生活耳。而对实际之生活,则通常之知力,固亦已胜任而愉快;若以天才处之,是犹用天文镜以观优①,非徒无益,而又蔽之。故由知力上言之,人类真贵族的也,阶级的也。此知力之阶级,较贵贱贫富之阶级为尤著。其相似者,则民万而始有诸侯一,民兆而始有天子一,民京垓②而始有天才一耳。故有天才者,往往不胜孤寂之感。拜伦(Byron)于其《唐旦之预

---

① 观优:观看杂戏。
② 京垓:极多。古以万兆为京,万京为垓。

言诗》①中咏之曰:

To feel me in the solitude of kings

Without the power that make them bear a crown.

予岑寂而无友兮,羌独处乎帝之庭。冠玉冕之崔巍兮,夫固踽踽而不能胜。(略译其大旨)

此之谓也。

(同前书第二册三百四十二页)

此知力的贵族与平民之区别外,更进而立大人与小人之区别曰:

一切俗子,因其知力为意志所束缚,故但适于一身之目的。由此目的出,于是有俗滥之画,冷淡之诗,阿世媚俗之哲学。何则?彼等自己之价值,但存于其一身一家之福祉,而不存于真理故也。唯知力之最高者,其真正之价值,不存于实际,而存于理论;不存于主观,而存于客观,耑耑②焉力索宇宙之真理而再现之。于是彼之价值,超乎个人之外,与人类自然之性质异。如彼者,果非自然的欤?宁超自然的也。而其人之所以大,亦即存乎此。故图画也,诗歌也,思索也,在彼则为目的,而在他人则为手段也。彼牺牲其一生之福祉,以殉其客观上之目的,虽欲少改焉而不能。何则?

---

① 即《但丁的预言》。
② 耑(duān)耑:仅仅。

彼之真正之价值,实在此而不在彼故也。他人反是,故众人皆小,彼独大也。

（同前书第三册第一百四十九页至一百五十页）

叔氏之崇拜天才也如是。由是对一切非天才而加以种种之恶谥:曰俗子(Philistine),曰庸夫(Populace),曰庶民(Mob),曰舆台(Rabble)①,曰合死者(Mortal)。尼采则更进而谓之曰众生(Herd),曰众庶(Far-too-many)。其所以异者,唯叔本华谓知力上之阶级唯由道德联结之,尼采则谓此阶级于知力道德皆绝对的而不可调和者也。

叔氏以持知力的贵族主义,故于其伦理学上虽奖卑屈(Humility)之行,而于其美学上大非谦逊(Modesty)之德曰:

人之观物之浅深明暗之度不一,故诗人之阶级亦不一。当其描写所观也,人人殆自以为握灵蛇之珠,抱荆山之玉矣。何则？彼于大诗人之诗中,不见其所描写者或逾于自己。非大诗人之诗之果然也,彼之肉眼之所及,实止于此,故其观美术也,亦如其观自然,不能越此一步也。唯大诗人见他人之见解之肤浅,而此外尚多描写之余地,始知己能见人之所不能见,而言人之所不能言。故彼之著作,不足以悦时人,只以自赏而已。若以谦逊为教,则将并其自赏者而亦夺之乎？然人之有功绩者,不能掩其自知之明。譬诸高八

---

① Rabble 意为"乌合之众"。对应舆台——地位低下的人。

尺者,暂而过市,则肩背昂然,齐于众人之首矣。千仞之山,自巅而视其麓也,与自麓而视其巅等。贺拉斯(Horace)、卢克莱修(Lucletius)①、奥维德(Ovid)及一切古代之诗人,其自述也,莫不有矜贵之色。但丁(Dante)然也,莎士比亚(Shakespeare)然也,培根(Bacon)亦然也。故大人而不自见其大者,殆未之有。唯细人者自顾其一生之空无所有,而聊托于谦逊以自慰,不然则彼唯有蹈海而死耳。某英人尝言曰:"功绩(Merit)与谦逊(Modest)除二字之第一字母外,别无公共之点。"歌德亦云:"唯一无所长者乃谦逊耳。"特如以谦逊教人责人者,则歌德之言,尤不我欺也。

(同前书第三册二百零二页)

吾人且述尼采之《小人之德》一篇中之数节以比较之。其言曰:

察拉图斯德拉远游而归,至于国门,则眕焉若狗窦,匍匐而后能入。既而览乎民居,粲焉若傀儡之箱,鳞次而栉比,叹曰:夫造物者,宁将以彼为此拘拘也。吾知之矣,使彼等藐焉若此者,非所谓德性之教耶?彼等好谦逊,好节制。何则?彼等乐其平易故也。夫以平易而言,则诚无以逾乎谦逊之德者矣。彼等尝学步矣,然非能步也,鼜②也。彼且

---

① 此处原文有误,当作 Lucretius。卢克莱修,古罗马诗人、哲学家。
② 鼜(qīng):单脚走。

鏊且顾,且顾且鏊,彼之足与目不我欺也。彼等之小半能欲也,而其大半被欲也。其小半本然之动作者也,其大半反是,彼等皆不随意之动作者也,与意识之动作者也,其能为自发之动作者希矣。其丈夫既藐焉若此,于是女子亦皆以男子自处。唯男子之得全其男子者,得使女子之位置复归于女子。其最不幸者,命令之君主,亦不得不从服役之奴隶之道德。"我役、汝役、彼役",此道德之所命令者也。哀哉!乃使最高之君主,为最高之奴隶乎?哀哉!其仁愈大,其弱愈大;其义愈大,其弱愈大。此道德之根柢,可以一言蔽之,曰"毋害一人"。噫!道德乎?卑怯耳。然则彼等所视为道德者,即使彼等谦逊驯扰者也。是使狼为羊,使人为人之最驯之家畜者也。

(《察拉图斯德拉》第二百四十八页至二百四十九页)

尼采之恶谦逊也亦若此,其应用叔氏美学之说于伦理学上,昭然可睹。夫叔氏由其形而上学之结论,而谓一切无生物、生物,与吾人皆同一意志之发现,故其伦理学上之博爱主义,不推而放之于禽兽草木不止。然自知力上观之,不独禽兽与人异焉而已,即天才与众人间,男子与女子间,皆有斠①不可逾之界限。但其与尼采异者,一专以知力言,一推而论之于意志,然其为贵族主义则一也。又叔本华亦力攻基督教曰:"今日之基督教,非基督之本意,乃复活之犹太教耳。"其所以与尼采异者,一

---

① 斠(jiào)然:一致的。

则攻击其乐天主义,一则并其厌世主义而亦攻之,然其为无神论则一也。叔本华说涅槃,尼采则说转灭;一则欲一灭而不复生,一则以灭为生超人之手段,其说之所归虽不同,然其欲破坏旧文化而创造新文化则一也。况其超人说之于天才说,又历历有模仿之迹乎!然则吾人之视尼采,与其视为叔氏之反对者,宁视为叔氏之后继者也。

又叔本华与尼采二人之相似,非独学说而已,古今哲学家性行之相似,亦无若彼二人者。包尔生之《伦理学系统》①与文德尔班《哲学史》中,其述二人学说与性行之关系,甚有兴味,兹援以比较之。包尔生曰:

> 叔本华之学说与其生活,实无一调和之处。彼之学说,在脱屣世界与拒绝一切生活之意志,然其性行则不然;彼之生活,非婆罗门教、佛教之克己的,而宁伊壁鸠鲁之快乐的也。彼自离柏林后,权度一切之利害,而于法兰克福及曼海姆之间定其隐居之地。彼虽于学说上深美悲悯之德,然彼自己则无之。古今之攻击学问上之敌者,殆未有酷于彼者也。虽彼之酷于攻击,或得以辩护真理自解乎,然何不观其对母与妹之关系也?彼之母妹,斩焉②陷于破产之境遇,而彼独保其自己之财产。彼终其身慅慅焉,唯恐分有他人之损失及他人之苦痛。要之,彼之性行之冷酷,无可讳也。然

---

① 即《伦理学体系》。
② 斩焉:因丧哀痛的样子。

则彼之人生观,果欺人之语欤?曰:否。彼虽不实践其理想上之生活,固深知此生活之价值者也。人性之二元中,理欲二者,为反对之两极,而二者以彼之一生为其激战之地。彼自其父遗传忧郁之性质,而其视物也,恒以小为大,以常为奇,方寸之心,充以弥天之欲,忧患劳苦,损失疾病,迭起互伏,而为其恐怖之对象,其视天下人无一可信赖者。凡此数者,有一于此,固足以疲其生活而有余矣。此彼之生活之一方面也。其在他方面,则彼大知也,天才也,富于直观之力,而饶于知识之乐,视古之思想家,有过之无不及。当此时也,彼远离希望与恐怖,而追求其纯粹之思索,此彼之生活中最慰藉之顷也。逮其情欲再现,则畴昔之平和破,而其生活复以忧患恐惧充之。彼明知其失而无如之何,故彼每曰:"知意志之过失,而不能改之,此可疑而不可疑之事实也。"故彼之伦理说,实可谓其罪恶之自白也。

(包尔生《伦理学系统》第三百十一页至三百十二页)

包尔生之说,固自无误,然不悟其学说中于知力之元质外,尚有意志之元质(见下文)。然其叙述叔氏知、意之反对,甚为有味。吾人更述文德尔班之论尼采者比较之曰:

彼之性质中争斗之二元质,尼采自谓之曰狄俄尼索斯

（Dionysus）①,曰阿波罗（Apollo）②,前者主意论,后者主知论也;前者叔本华之意志,后者黑格尔之理念也。彼之知力的修养与审美的创造力,皆达最高之程度。彼深观历史与人生,而以诗人之手腕再现之。然其性质之根柢,充以无疆之大欲,故科学与美术不足以拯之。其志则专制之君主也,其身则大学之教授也,于是彼之理想,实往复于知力之快乐与意志之势力之间。彼俄焉委其一身于审美的直观与艺术的制作,俄焉而欲展其意志,展其本能,展其情绪,举昔之所珍赏者一朝而舍之。夫由其人格之高尚纯洁观之,则耳目之欲,于彼固一无价值也。彼所求之快乐,非知识的,即势力的也。彼之一生,疲于二者之争斗,迨其暮年,知识、美术、道德等一切,非个人及超个人之价值不足以厌彼,彼翻然而欲于实践之生活中,发展其个人之无限之势力。于是此战争之胜利者,非阿波罗而狄俄尼索斯,非过去之传说而未来之希望也,一言以蔽之,非理性而意志也。

（文德尔班《哲学史》第六百七十九页）

由此观之,则二人之性行,何其相似之甚欤！其强于意志相似也,其富知力相似也,其喜自由相似也。其所以不相似而相似,相似而又不相似者何欤?

---

① 狄俄尼索斯:希腊神话中的酒神。
② 阿波罗:希腊神话中的日神。

呜呼！天才者，天之所靳①，而人之不幸也。蚩蚩之民，饥而食，渴而饮，老身长子，以遂其生活之欲，斯已耳。彼之苦痛，生活之苦痛而已；彼之快乐，生活之快乐而已。过此以往，虽有大疑大患，不足以撄②其心。人之永保此蚩蚩之状态者，固其人之福祉，而天之所独厚者也。若夫天才，彼之所缺陷者与人同，而独能洞见其缺陷之处；彼与蚩蚩者俱生，而独疑其所以生。一言以蔽之，彼之生活也与人同，而其以生活为一问题也与人异；彼之生于世界也与人同，而其以世界为一问题也与人异。然使此等问题，彼自命之而自解之，则亦何不幸之有？然彼亦一人耳，志驰乎六合之外，而身局乎七尺之内，因果之法则与空间时间之形式，束缚其知力于外；无限之动机与民族之道德，压迫其意志于内；而彼之知力、意志，非犹夫人之知力、意志也？彼知人之所不能知，而欲人之所不敢欲，然其被束缚压迫也与人同。夫天才之大小，与其知力、意志之大小为比例，故苦痛之大小，亦与天才之大小为比例。彼之痛苦既深，必求所以慰藉之道，而人世有限之快乐，其不足慰藉彼也明矣。于是彼之慰藉，不得不反而求诸自己。其视自己也，如君王，如帝天；其视他人也，如蝼蚁，如粪土。彼故自然之子也，而常欲为其母；又自然之奴隶也，而常欲为其主。举自然所以束缚彼之知、意者，毁之，裂之，焚之，弃之，草薙而兽狝③之。彼非能行之也，姑妄言之而已；亦非欲

---

① 靳(jìn)：吝惜。
② 撄(yīng)：扰乱。
③ 草薙(zhì)而兽狝：除野草，杀野兽。

言诸人也,聊以自娱而已。何则?以彼知、意之如此,而苦痛之如彼,其所以自慰藉之道,固不得不出于此也。

叔本华与尼采,所谓旷世之天才非欤?二人者,知力之伟大相似,意志之强烈相似。以极强烈之意志,而辅以极伟大之知力,其高掌远跖①于精神界,固秦皇、汉武之所北面,而成吉思汗、拿破仑之所望而却走者也。九万里之地球与六千年之文化,举不足以厌其无疆之欲。其在叔本华,则幸而有康德者为其陈胜、吴广,为其李密、窦建德,以先驱属路。于是于世界现象之方面,则穷康德之知识论之结论,而曰世界者,吾之观念也。于本体之方面,则曰世界万物,其本体皆与吾人之意志同,而吾人与世界万物,皆同一意志之发见也。自他方面言之,世界万物之意志,皆吾之意志也。于是我所有之世界,自现象之方面,而扩于本体之方面,而世界之在我,自知力之方面而扩于意志之方面。然彼犹以有今日之世界为不足,更进而求最完全之世界,故其说虽以灭绝意志为归,而于其大著第四篇之末,仍反覆灭不终灭、寂不终寂之说。彼之说博爱也,非爱世界也,爱其自己之世界而已;其说灭绝也,非真欲灭绝也,不满足于今日之世界而已。由彼之说,岂独如释迦所云"天上地下,唯我独尊"而已哉!必谓天上地下,唯我独存而后快。当是时,彼之自视,若担荷大地之阿特拉斯(Atlas)②也,孕育宇宙之梵天(Brahma)③也。彼之形

---

① 高掌远跖:规模巨大的经营。
② 阿特拉斯:希腊神话中的擎天神。
③ 梵天:印度神话中的主神。

而上学之需要在此,终身之慰藉在此。故古今之主张意志者,殆未有过于叔氏者也,不过于其美学之天才论中,偶露其真面目之说耳。若夫尼采,以奉实证哲学,故不满于形而上学之空想。而其势力炎炎之欲,失之于彼岸者,欲恢复之于此岸;失之于精神者,欲恢复之于物质。于是叔本华之美学,占领其第一期之思想者,至其暮年,不识不知,而为其伦理学之模范。彼效叔本华之天才而说超人,效叔本华之放弃充足理由之原则而放弃道德,高视阔步,而恣其意志之游戏。宇宙之内,有知、意之优于彼,或足以束缚彼之知、意者,彼之所不喜也。故彼二人者,其执无神论同也,其唱意志自由论同也。譬之一树,叔本华之说,其根柢之盘错于地下;而尼采之说,则其枝叶之干青云而直上者也。尼采之说,如太华三峰,高与天际;而叔本华之说,则其山麓之花岗石也。其所趋虽殊,而性质则一。彼等所以为此说者无他,亦聊以自慰而已。

  要之,叔本华之自慰藉之道,不独存于其美学,而亦存于其形而上学。彼于此学中发见其意志之无乎不在,而不惜以其七尺之我,殉其宇宙之我,故与古代之道德尚无矛盾之处。而其个人主义之失之于枝叶者,于根柢取偿之。何则?以世界之意志,皆彼之意志故也。若推意志同一之说,而谓世界之知力皆彼之知力,则反以俗人知力上之缺点加诸天才,则非彼之光荣,而宁彼之耻辱也;非彼之慰藉,而宁彼之苦痛也。其于知力上所以持贵族主义,而与其伦理学相矛盾者以此。《列子》曰:

> 周之尹氏大治产，其下趣役者，侵晨昏而弗息。有老役夫筋力竭矣，而使之弥勤。昼则呻呼而即事，夜则昏惫而熟寐。……昔昔梦为国君，居人民之上，总一国之事，游燕宫观，恣意所欲……觉则复役。
>
> （《周穆王篇》）

叔氏之天才之苦痛，其役夫之昼也；美学上之贵族主义与形而上学之意志同一论，其国君之夜也。尼采则不然。彼有叔本华之天才，而无其形而上学之信仰，昼亦一役夫，夜亦一役夫；醒亦一役夫，梦亦一役夫。于是不得不弛其负担，而图一切价值之颠覆，举叔氏梦中所以自慰者，而欲于昼日实现之。此叔本华之说所以尚不反于普通之道德，而尼采则肆其叛逆而不惮者也。此无他，彼之自慰藉之道，固不得不出于此也。世人多以尼采暮年之说与叔本华相反对者，故特举其相似之点及其所以相似而不相似者如此。

论哲学家与美术家之天职

　　天下有最神圣、最尊贵而无与于当世之用者,哲学与美术是已。天下之人嚣然谓之曰无用,无损于哲学、美术之价值也。至为此学者自忘其神圣之位置,而求以合当世之用,于是二者之价值失。夫哲学与美术之所志者,真理也。真理者,天下万世之真理,而非一时之真理也。其有发明此真理(哲学家)或以记号表之(美术)者,天下万世之功绩,而非一时之功绩也。唯其为天下万世之真理,故不能尽与一时一国之利益合,且有时不能相容,此即其神圣之所存也。且夫世之所谓有用者,孰有过于政治家及实业家者乎?

　　世人喜言功用,吾姑以其功用言之。夫人之所以异于禽兽者,岂不以其有纯粹之知识与微妙之感情哉? 至于生活之欲,人与禽兽无以或异。后者政治家及实业家之所供给;前者之慰藉满足,非求诸哲学及美术不可。就其所贡献于人之事业言之,其性质之贵贱,固以殊矣。至就其功效之所及言之,则哲学家与美术家之事业,虽千载以下,四海以外,苟其所发明之真理与其所表之之记号之尚存,则人类之知识感情由此而得其满足慰藉者,曾无以异于昔；而政治家及实业家之事业，其及于五世十世者希矣。此又久暂之别也。然则人而无所贡献于哲学、美术，斯亦已耳；苟为真正之哲学家、美术家，又何慊①乎政治家哉！

披我中国之哲学史，凡哲学家无不欲兼为政治家者，斯可异已！孔子大政治家也，墨子大政治家也，孟、荀二子皆抱政治上之大志者也。汉之贾、董，宋之张、程、朱、陆，明之罗、王无不然。岂独哲学家而已，诗人亦然。"自谓颇腾达，立登要路津。致君尧舜上，再使风俗淳"②，非杜子美之抱负乎？"胡不上书自荐达，坐令四海如虞唐"③，非韩退之之忠告乎？"寂寞已甘千古笑，驰驱犹望两河平"④，非陆务观之悲愤乎？如此者，世谓之大诗人矣。至诗人之无此抱负者，与夫小说、戏曲、图画、音乐诸家，皆以俳优、倡优自处，世亦以俳优、倡优畜之。所谓"诗外尚有事在""一命为文人便无足观"，我国人之金科玉律也。呜呼，美术之无独立之价值也久矣！此无怪历代诗人，多托于忠君爱国、劝善惩恶之意，以自解免，而纯粹美术上之著述，往往受世之迫害而无人为之昭雪者也。此亦我国哲学、美术不发达之一原因也。

夫然，故我国无纯粹之哲学，其最完备者，唯道德哲学与政治哲学耳。至于周、秦、两宋间之形而上学，不过欲固道德哲学

---

① 慊（qiàn）：遗憾。
② 出自杜甫《奉赠韦左丞丈二十二韵》。现行本多作"自谓颇挺出"。
③ 出自韩愈《赠唐衢》。
④ 出自陆游《十一月五日夜半偶作》。

之根柢，其对形而上学非有固有之兴味也。其于形而上学且然，况乎美学、名学、知识论等冷淡不急之问题哉！更转而观诗歌之方面，则咏史、怀古、感事、赠人之题目弥满充塞于诗界，而抒情叙事之作什佰不能得一，其有美术上之价值者，仅其写自然之美之一方面耳。甚至戏曲、小说之纯文学，亦往往以惩劝为旨，其有纯粹美术上之目的者，世非唯不知贵，且加贬焉。于哲学则如彼，于美术则如此，岂独世人不具眼之罪哉？抑亦哲学家、美术家自忘其神圣之位置与独立之价值，而葸然①以听命于众故也？

　　至我国哲学家及诗人所以多政治上之抱负者，抑又有说。夫势力之欲，人之所生而即具者，圣贤豪杰之所不能免也。而知力愈优者，其势力之欲也愈盛。人之对哲学及美术而有兴味者，必其知力之优者也，故其势力之欲亦准之。今纯粹之哲学与纯粹之美术，既不能得势力于我国之思想界矣，则彼等势力之欲，不于政治，将于何求其满足之地乎？且政治上之势力，有形的也，及身的也；而哲学、美术上之势力，无形的也，身后的也。故非旷世之豪杰，鲜有不为一时之势力所诱惑者矣。虽然，无亦其对哲学、美术之趣味有未深，而于其价值有未自觉者乎？今夫人积年月之研究，而一旦豁然悟宇宙人生之真理，或以胸中惝恍不可捉摸之意境，一旦表诸文字、绘画、雕刻之上，此固彼天赋之能力之发展，而此时之快乐，绝非南面王之所能易者也。且此宇宙人生而尚如故，则其所发明、所表示之宇宙人生之真理之势力与价值，必仍如故。之二者，所以酬哲学家、美术家者固已多矣。

---

① 葸(xǐ)然：害怕的样子。

若夫忘哲学、美术之神圣,而以为道德政治之手段者,正使其著作无价值者也。愿今后之哲学、美术家,毋忘其天职,而失其独立之位置,则幸矣!

古雅之在美学上之位置

"美术者,天才之制作也。"此自康德以来百余年间学者之定论也。然天下之物,有绝非真正之美术品,而又绝非利用品者。又其制作之人,绝非必为天才,而吾人之视之也,若与天才所制作之美术无异者,无以名之,名之曰"古雅"。

欲知古雅之性质,不可不知美之普遍之性质。美之性质,一言以蔽之,曰:可爱玩而不可利用者是已。虽物之美者,有时亦足供吾人之利用,但人之视为美时,决不计及其可利用之点。其性质如是,故其价值亦存于美之自身,而不存乎其外。而美学上之区别美也,大率分为二种:曰优美,曰宏壮。自培根及康德之书出,学者殆视此为精密之分类矣。至古今学者对优美及宏壮之解释,各由其哲学系统之差别而各不同。要而言之,则前者由一对象之形式,不关于吾人之利害,遂使吾人忘利害之念,而以精神之全力沉浸于此对象之形式中,自然及艺术中普通之美,皆此类也;后者则由一对象之形式,越乎吾人知力所能驭之范围,或其形式大不利于吾人,而又觉其非人力所能抗,于是吾人保存自己之本能,遂超越乎利害之观念外,而达观其对象之形式,如自然中之高山大川、烈风雷雨,艺术中伟大之宫室、悲惨之雕刻像、历史画、戏曲、小说等皆是也。此二者,其可爱玩而不可利用也同,若夫所谓古雅者则何如?

一切之美皆形式之美也。就美之自身言之,则一切优美,皆存于形式之对称、变化及调和。至宏壮之对象,康德虽谓之无形式,然以此种无形式之形式,能唤起宏壮之情,故谓之形式之一种,无不可也。就美术之种类言之,则建筑、雕刻、音乐之美之存于形式固不俟论,即图画、诗歌之美之兼存于材质之意义者,亦以此等材质适于唤起美情故,故亦得视为一种之形式焉。释迦与马利亚庄严圆满之相,吾人亦得离其材质之意义,而感无限之快乐,生无限之钦仰。戏曲、小说之主人翁及其境遇,对文章之方面言之,则为材质;然对吾人之感情言之,则此等材质又为唤起美情之最适之形式。故除吾人之感情外,凡属于美之对象者,皆形式而非材质也。而一切形式之美,又不可无他形式以表之。唯经过此第二之形式,斯美者愈增其美,而吾人之所谓古雅,即此第二种之形式。即形式之无优美与宏壮之属性者,亦因此第二形式故,而得一种独立之价值。故古雅者,可谓之形式之美之形式之美也。

夫然,故古雅之致存于艺术而不存于自然。以自然但经过第一形式,而艺术则必就自然中固有之某形式,或所自创造之新形式,而以第二形式表出之。即同一形式也,其表之也各不同。同一曲也,而奏之者各异;同一雕刻、绘画也,而真本与摹本大殊。诗歌亦然。"夜阑更秉烛,相对如梦寐"(杜甫《羌村》诗)

之于"今宵剩把银钉照,犹恐相逢是梦中"(晏几道《鹧鸪天》词),"愿言思伯,甘心首疾"(《诗·卫风·伯兮》)之于"衣带渐宽终不悔,为伊消得人憔悴"(欧阳修①《蝶恋花》词),其第一形式同,而前者温厚,后者刻露者,其第二形式异也。一切艺术无不皆然,于是有所谓雅俗之区别矣。优美及宏壮必与古雅合,然后得显其固有之价值。不过优美及宏壮之原质愈显,则古雅之原质愈蔽。然吾人所以感如此之美且壮者,实以表出之之雅故,即以其美之第一形式,更以雅之第二形式表出之故也。

虽第一形式之本不美者,得由其第二形式之美(雅),而得一种独立之价值。茅茨土阶,与夫自然中寻常琐屑之景物,以吾人之肉眼观之,举无足与于优美若宏壮之数,然一经艺术家(若绘画、若诗歌)之手,而遂觉有不可言之趣味。此等趣味,不自第一形式得之,而自第二形式得之无疑也。绘画中之布置,属于第一形式,而使笔使墨,则属于第二形式。凡以笔墨见赏于吾人者,实赏其第二形式也。此以低度之美术(如法书等)为尤甚。三代之钟鼎、秦汉之摹印、汉魏六朝唐宋之碑帖、宋元之书籍等,其美之大部,实存于第二形式。吾人爱石刻不如爱真迹,又其于石刻中爱翻刻不如爱原刻,亦以此也。凡吾人所加于雕刻书画之品评,曰"神"、曰"韵"、曰"气"、曰"味",皆就第二形式言之者多,而就第一形式言之者少。文学亦然,古雅之价值大抵存于

---

① 实应为柳永,详见《人间词话删稿》注释。

第二形式。西汉之匡①、刘①,东京之崔、蔡②,其文之优美宏壮,远在贾、马、班、张③之下,而吾人之嗜之也,亦无逊于彼者,以雅故也。南丰④之于文,不必工于苏、王⑤,姜夔之于词,且远逊于欧、秦,而后人亦嗜之者,以雅故也。由是观之,则古雅之原质,为优美及宏壮中不可缺之原质,且得离优美宏壮而有独立之价值,则固一不可诬之事实也。

然古雅之性质,有与优美及宏壮异者。古雅之但存于艺术而不存于自然,既如上文所论矣。至判断古雅之力,亦与判断优美及宏壮之力不同。后者先天的,前者后天的、经验的也。优美及宏壮之判断之为先天的判断,自康德之《判断力批评》⑥后,殆无反对之者。此等判断既为先天的,故亦普遍的、必然的也。易言以明之,即一艺术家所视为美者,一切艺术家亦必视为美。此康德所以于其美学中,预想一公共之感官者也。若古雅之判断则不然,由时之不同而人之判断之也各异。吾人所断为古雅者,实由吾人今日之位置断之。古代之遗物无不雅于近世之制作,古代之文学虽至拙劣,自吾人读之无不古雅者,若自古人之眼观之,殆不然矣。故古雅之判断,后天的也,经验的也,故亦特别的也,偶然的也。此由古代表出第一形式之道与近世大异,故吾人

---

① 即匡衡、刘向。
② 即崔骃、蔡邕,皆为东汉文学家。
③ 即西汉的贾谊、司马相如与东汉的班固、张衡。
④ 即曾巩,南丰(今属江西)人,北宋文学家。
⑤ 即苏轼、王安石。
⑥ 即《判断力批判》。

睹其遗迹,不觉有遗世之感随之,然在当日,则不能若优美及宏壮,则固无此时间上之限制也。古雅之性质既不存于自然,而其判断亦但由于经验,于是艺术中古雅之部分,不必尽俟天才,而亦得以人力致之。苟其人格诚高,学问诚博,则虽无艺术上之天才者,其制作亦不失为古雅。而其观艺术也,虽不能喻其优美及宏壮之部分,犹能喻其古雅之部分。若夫优美及宏壮,则非天才,殆不能捕攫之而表出之。今古第三流以下之艺术家,大抵能雅而不能美且壮者,职①是故也。以绘画论,则有若国朝之王翚,彼固无艺术上之天才,但以用力甚深之故,故摹古则优,而自运则劣,则岂不以其舍其所长之古雅,而欲以优美宏壮与人争胜也哉?以文学论,则除前所述匡、刘诸人外,若宋之山谷,明之青丘、历下②,国朝之新城等,其去文学上之天才盖远,徒以有文学上之修养故,其所作遂带一种典雅之性质。而后之无艺术上之天才者,亦以其典雅故,遂与第一流之文学家等类而观之,然其制作之负于天分者十之二三,而负于人力者十之七八,则固不难分析而得之也。又虽真正之天才,其制作非必皆神来兴到之作也。以文学论,则虽最优美最宏壮之文学中,往往书有陪衬之篇,篇有陪衬之章,章有陪衬之句,句有陪衬之字。一切艺术,莫不如是。此等神兴枯涸之处,非以古雅弥缝之不可。而此等古雅之部分,又非藉修养之力不可。若优美与宏壮,则固非修养之所能为力也。

---

① 职:关键。
② 即高启、李攀龙。

然则古雅之价值,遂远出优美及宏壮下乎? 曰:不然。可爱玩而不可利用者,一切美术品之公性也。优美与宏壮然,古雅亦然。而以吾人之玩其物也,无关于利用故,遂使吾人超出乎利害之范围外,而惝恍于缥缈宁静之域。优美之形式使人心和平,古雅之形式使人心休息,故亦可谓之低度之优美。宏壮之形式常以不可抵抗之势力,唤起人钦仰之情;古雅之形式则以不习于世俗之耳目故,而唤起一种之惊讶。惊讶者,钦仰之情之初步,故虽谓古雅为低度之宏壮,亦无不可也。故古雅之位置,可谓在优美与宏壮之间,而兼有此二者之性质也。至论其实践之方面,则以古雅之能力能由修养得之,故可为美育普及之津梁。虽中智以下之人,不能创造优美及宏壮之物者,亦得由修养而有古雅之创造力。又虽不能喻优美及宏壮之价值者,亦得于优美宏壮中之古雅之原质,或于古雅之制作物中,得其直接之慰藉。故古雅之价值,自美学上观之,诚不能及优美及宏壮;然自其教育众庶之效言之,则虽谓其范围较大、成效较著可也。因美学上尚未有专论古雅者,故略述其性质及位置如右。篇首之疑问,庶得由是而说明之欤。

与罗振玉①论艺书

一

又有一卷雪景,树仿郭河阳②,山石仿范中立③,气象甚大,末有"千里伯驹"④四字隶书款(款亦佳)。乍观之似马、夏⑤一派,用笔甚粗而实有细处。向所传千里画皆金碧细皴⑥,唯此独粗,盖内画近景与远景之不同,此恐千里真本。不观此画,不能知马、夏渊源(唯绢甚破碎)。乙⑦甚赏此画,又甚以鄙言为然,谓得后乞跋之。……恐北宋流别中当以此为压卷(图中人物面皆敷朱)也。《雪山朝霁图》乃画灞桥风雪(开元中人未必画孟

---

① 罗振玉:近现代学者,与王国维交往密切,双方往来书信现存一千余封。
② 即郭熙,河阳府温县(今属河南)人,北宋画家。
③ 即范宽,字中立,北宋画家。
④ 此款识属赵伯驹。赵伯驹,字千里,南宋画家。
⑤ 即马远、夏圭,俱为南宋画家。
⑥ 皴(cūn):国画技法,用以表现山石的纹理。
⑦ 指沈曾植,号乙盦(ān),清末民初学者、书法家。

浩然事),恐在中唐以后,未必出杨昇手;①此画实于右丞②、北苑③之间得一脉络。原本赋色否?

(1916年5月7日)

二

前函言杨昇《雪山朝霁图》,写灞桥风雪意,此语大误。灞桥系平原大道,虽可望见南山,地势不得如此收缩。既非写孟浩然事,则疑其不出杨昇者误也。僧繇④、探微⑤不可得见,观其画知唐山画法已自精能(大小李⑥虽不可见,当与赵千里辈不甚相远),唯树法犹存汉魏六朝遗意。右丞独不拘于形似,而专写物意,故为南宗第一祖。杨画实为由张、陆辈至右丞之过渡,其可贵不在《江山雪霁》⑦下也。

(1916年5月8、9、10日)

---

① 孟浩然曾说:"吾诗思在灞桥风雪中驴背上。""灞桥风雪"这一题材一般被认为出现在中唐以后,而杨昇是活跃在唐开元年间的画家,因此王国维认为这幅画不是杨昇的。
② 即王维,官至尚书右丞,唐代诗人、画家。
③ 即董源,曾任北苑副使,南唐至宋初画家。
④ 即张僧繇,南朝梁画家。
⑤ 即陆探微,南朝宋画家。
⑥ 即李思训、李昭道父子,唐代画家。
⑦ 传为王维所绘名画。

三

今晨往谈,渠①出一《杨妃出浴图》见示,笔墨极静穆,无痕迹。行笔极细,稍着色,而面目已娟秀,不似唐人之丰艳。渠谓早则北宋人,迟则元、明摹本(此画渠已购得)。殆近之。

(1916 年 5 月 17 日)

四

索乙老书扇,为书近作四律,索和,三日间仅能交卷,而苦无精思名句。即乙老诗亦晦涩难解,不如前此诸章也。

(1916 年 8 月 30 日)

五

景叔②以五十元得一唐六如③小卷(实横幅),纸本,极干净,无款,但有"唐居士印"四字,朱字牙章。其画石学李晞古④

---

① 渠:代词,他。此处指沈曾植。
② 即邹安,字景叔,王国维同乡,1916 年王国维前往上海,应其邀请担任爱俪园《学术丛编》编辑。
③ 即唐寅,号六如居士。明代画家、诗人。
④ 即李唐,字晞古,南宋画家。

笔意,颇极秀逸,如系伪品,恐亦须石谷①辈乃能为此。

(1916年9月4日)

六

《高昌壁画》及《石鼓考释》今晨持送乙老,渠谓此事可得数旬探索,维即请其以笔记之,不知此老能细书否耳。维疑前十二图确为六朝人画,至十三图以后有回纥字者当出唐人,因前画均无笔墨可寻,而第十三图以后则笔意生动,新旧分界当在于此。

(1916年9月9日)

七

过程冰泉②,渠云下旬须赴粤一行,嘱告公。出示诸画。有巨然③二幅,大而短,乃元、明间人所为(并非高手)。唯竹一大幅大佳,其竹乃渲染而成,有竹处无墨,而以淡墨为地,此法极奇;当中竹三四竿气象雄伟,一竿竹旁倒书"此竹值黄金百两"篆书二行。冰泉谓人言宋人画录中记此事,此极荒唐,唯此画尚是宋人笔墨。

(1916年10月3日)

---

① 即王翚,字石谷,清代画家。
② 程冰泉:上海汲修斋古玩行主人。
③ 巨然:五代至宋初画家、僧人。

范宽 《溪山行旅图》

范宽 《雪景寒林图》

八

　　昨日赴哈园,书画展览会所陈列者,廉泉①之物为多。有一山水立幅,宫子行②题为荆浩③,傅以赭绛,气势浑沦,略似北苑。山皴皆大披麻,悬泉两道与松树云气,画法全同北苑,唯下幅近处山石间用方折,有似荆法。此画当出董、巨以后,然不失为名迹也。

(1916 年 10 月 11 日)

九

　　巨师④画,乙老前言前半似河阳,维已疑董、巨同出右丞,巨公当有此种笔法。……维于观明以后画无丝毫把握,唯于董、巨或能知之;且如此大卷,必有惊心动魄之处,以"气象""墨法"二者决之,可无误也。

(1916 年 11 月 1 日)

---

① 廉泉:清代名士。
② 宫子行:清末书画收藏家。
③ 荆浩:号洪谷子,五代后梁画家。
④ 指巨然。

十

昨为看巨师画预备一切,因悟北苑《群峰霁雪》卷多作蟹爪树,乃与河阳同出右丞。巨然出北苑而变为柔细,则似河阳,固其宜也。唯气魄必有异人处,如公之河阳《秋山行旅》卷气象已极不同,何况巨公?

(1916 年 11 月 6 日)

十一

巨然卷,末题"钟陵寺僧巨然"六字,略似明人学钟太傅书者,似系后加。卷长二丈有余,不及三丈,前云五丈者传闻之误也。全卷石法、树法全从北苑出,树根用北苑法,石有作短笔麻皴者(因画江景故),虽不辟塞①,而丘壑特奇(宫室亦用董、巨法,前半仍是巨法,不似河阳。山石阴阳分晓,有宋人意,或者时已有此风亦未可知),温润处不如《唐人诗意》卷,气魄亦逊。窃谓此卷若以画法求之,则笔笔皆是董、巨,唯于真气惊人之处则比《秋山行旅》《群峰霁雪》《云壑飞泉》诸图皆有逊色,用墨有极黑处,当是宋人摹本,未敢遽定为真。

(1916 年 11 月 6 日)

---

① 辟塞(sè):聚集、充塞。

十二

今晨又将董、巨诸画景印本展阅一过,觉昨所观《江山秋霁》卷为宋人摹本无疑。其石法、树法皆有渊源,唯于元气浑沦之点不及诸图远甚,用笔清润处亦觉不如。卷中高石皴法与《雪霁图》略同;短石作短笔麻皴,求之董、巨诸图,均所未见;似合洪谷、北苑为一家者,都不如诸立幅作大披麻皴及大雨点皴也。

(1916 年 11 月 7 日、8 日)

十三

黄氏巨师画卷,维前所以谓为宋摹者,即以其深厚博大之处与真迹迥异,若论画法,则笔笔是董、巨,无可訾议,与公前后各书所论略同。顾鹤逸①所藏即《万壑图》,得公书乃恍然。窃意北苑画法备于《溪山行旅》《群峰霁雪》二图;《万壑松风》与未见之《潇湘图》,一大一细,当另是一种笔墨,其真实本领,实于前二图见之。巨然《唐人诗意》立幅虽无确据,然非董非米②,舍巨师其谁为之?其中房屋小景,用笔温润浑厚,与《溪山行旅》异曲同工。黄氏卷唯有法度尚存,气象神味皆不如诸幅远矣。

---

① 顾鹤逸:中国近代画家,清末书画收藏家顾子山之孙。
② "米"指米芾,北宋画家。

海内董、巨,恐遂止此数,不知陕石一卷何如耳。

(1916年11月15日)

十四

十二件内之王元章①梅花虽系乙老推荐,而实未见此画。维见此画有气魄而不俗,又题款数行小楷极似公所藏王叔明②《柳桥渔艇》卷后元章跋(俱王卷跋兼有柳法)。而此款字较小,全作小欧体,冬心③平生多学此种(画心又极干净)。此幅若真,则尚算精品,唯究不知何如?亟待公观后一印证书。

(1916年11月25日)

十五

为乙老写去年诗稿共十八页,二日半而成。其中大有杰作,一为王聘三④方伯作《鹥医篇》,一为《陶然亭诗》,而去年还嘉兴诸诗议论尤佳。其《卫大夫宏演墓诗》云:"亡房幸偷生,有言皆粪土。"今日往谈,称此句,乙云:"非见今日事,不能为此语。"

(1916年12月28日)

---

① 即王冕,字元章,元代画家、诗人,善画梅。
② 即王蒙,字叔明,元代画家。
③ 即金农,号冬心先生,清代书画家。
④ 即王乃徵,字聘三,清末进士。

十六

今日晴始出,过冰泉,已自粤归,携得北苑一卷、一幅。卷未见,立幅佳甚。幅不甚阔,系画近景,上山作粗点大笔披麻皴,并有矾头①,下作四五枯树及泉水,并有小草,境界全在公所藏诸幅之外。幅上诗斗有真光②题字,略云仿李思训者。画上又有纯皇③题诗一首,乃内府流出在孔氏岳雪楼④者,此可谓剧迹⑤(此幅绢极细而色较白)。其一卷盖已出外,索观不得。又一石谷临巨然《烟浮远岫》立幅,气魄雄厚,局势开张,用粗点大披麻皴,全得家法,尚想见原本神观(与《唐人诗意》幅不同,而与《万壑图》相近)。

(1917年1月5日)

十七

十七日过冰泉处,始见北苑《山居图》卷,令人惊心动魄。此卷与小幅在公藏器几可与《溪山行旅》《群峰霁雪》抗衡。因绢素干净,故精神愈觉焕发。观《山居》卷,知香光得力全在此种。

(1917年1月13日)

---

① 矾头:山水画中山顶上的石块,形似矾石顶部结晶,故称。
② 应作"香光",即董其昌,号香光居士,明代书画家。
③ 即乾隆皇帝,其谥号最后一字为"纯"。
④ 岳雪楼:清代私人藏书楼,为孔子后人孔继勋所建。
⑤ 剧迹:最好的作品。剧,最。

与铃木虎雄[①]论诗书

一

前从《日本及日本人》中见大著《哀情赋》,仆本拟作《东征赋》,因之搁笔。前作《颐和园词》一首,虽不敢上希白傅[②],庶几追步梅村。盖白傅能不使事[③],梅村则专以使事为工。然梅村自有雄气骏骨,遇白描处尤有深味,非如陈云伯[④]辈,但以秀孊见长,有肉无骨也。

(1912 年 5 月 31 日)

附:铃木虎雄给王国维的回信

日前垂示《颐和园词》一篇,拜诵不一再次,风骨俊爽,彩华

---

① 铃木虎雄为日本著名汉学家。
② 白居易曾为太子少傅,因而以"白傅"代称。作长诗《长恨歌》。
③ 使事:使用典故。
④ 即陈文述,号云伯,清代诗人。

绚辉,漱王骆之芬芳,剔元虞之精髓,况且事赅情尽,义微词隐。家国艰难,宗社兴亡,兰成北徙,仲宣南行,惨何加焉!高明不敢自比香山,而称趋步梅村。若陈云伯,则俯视辽廓。仆生平读梅村诗,使事太繁,托兴晦匿,恨无人为作郑笺者。且乏开阖变化之妙,动则有句而无篇,殆以律诗为古诗矣。绣组之功虽多,贯通之义或缺。仆不学则固尔,然结构措词之间,作者亦岂无一二疏虞处哉?高作则异之,隐而显,微而著,怀往感今,俯仰低回,凄婉之致,几乎驾娄江而上者,洵近今之所罕见也……

二

《颐和园词》称奖过实,甚愧。此词于觉罗氏一姓末路之事略具。至于全国民之运命,与其所以致病之由,及其所得之果,尚有更可悲于此者,拟为《东征赋》以发之,然手腕尚未成熟,姑俟异日。尊论梅村诗,深得中其病。至于龙跳虎卧而见起伏,鲸铿春丽而不假典故,要唯第一流之作者能之。梅村诗品,自当在上中、上下间,然有清刚之气,故不致如陈云伯辈之有肉无骨也。

(1912 年 6 月 23 日)

三

前日于《艺文》中得读大著《哀将军曲》,悲壮淋漓,得古乐府妙处。虽微以直率为嫌,而真气自不可掩。贵邦汉诗中实未见此作也。近作《蜀道难》一首,乃为端午桥尚书(方)作,谨以誊写版本呈上,唯祈教之。

(1912 年 12 月 19 日)

《红楼梦》评论

人生及美术之概观

老子曰:"人之大患,在我有身。"庄子曰:"大块载我以形,劳我以生。"忧患与劳苦之与生相对待也久矣。夫生者,人人之所欲;忧患与劳苦者,人人之所恶也。然则讵不人人欲其所恶,而恶其所欲欤? 将其所恶者,固不能不欲;而其所欲者,终非可欲之物欤? 人有生矣,则思所以奉其生。饥而欲食,渴而欲饮,寒而欲衣,露处而欲宫室,此皆所以维持一人之生活者也。然一人之生,少则数十年,多则百年而止耳。而吾人欲生之心,必以是为不足,于是于数十年百年之生活外,更进而图永远之生活,时则有牝牡之欲、家室之累,进而育子女矣,则有保抱扶持饮食教诲之责,婚嫁之务。百年之间,早作而夕思,穷老而不知所终,问有出于此保存自己及种姓之生活之外者乎? 无有也。百年之后,观吾人之成绩,其有逾于此保存自己及种姓之生活之外者乎? 无有也。又人人知侵害自己及种姓之生活者之非一端也,于是相集而成一群,相约束而立一国,择其贤且智者以为之君,为之立法律以治之,建学校以教之,为之警察以防内奸,为之陆海军以御外患,使人人各遂其生活之欲而不相侵害:凡此皆欲生之心之所为也。夫人之于生活也,欲之如此其切也,用力如此其勤也,设计如此其周且至也,固亦有其真可欲者存欤?吾人之忧患劳苦,固亦有所以偿之者欤?则吾人不得不就生活之本质,熟思而审考之也。

生活之本质何?欲而已矣。欲之为性无厌,而其原生于不足。不足之状态,苦痛是也。既偿一欲,则此欲以终。然欲之被偿者一,而不偿者什佰。一欲既终,他欲随之。故究竟之慰藉,终不可得也。即使吾人之欲悉偿,而更无所欲之对象,倦厌之情,即起而乘之。于是吾人自己之生活,若负之而不胜其重。故人生者,如钟表之摆,实往复于苦痛与倦厌之间者也。夫倦厌固可视为苦痛之一种,有能除去此二者,吾人谓之曰快乐。然当其求快乐也,吾人于固有之苦痛外,又不得不加以努力,而努力亦苦痛之一也。且快乐之后,其感苦痛也弥深。故苦痛而无回复之快乐者有之矣,未有快乐而不先之或继之以苦痛者也。又此苦痛与世界之文化俱增,而不由之而减。何则?文化愈进,其知识弥广,其所欲弥多,又其感苦痛亦弥甚故也。然则人生之所欲,既无以逾于生活,而生活之性质,又不外乎苦痛,故欲与生活与苦痛,三者一而已矣。①

吾人生活之性质,既如斯矣,故吾人之知识,遂无往而不与

---

① 此段为对叔本华观点的总结。

生活之欲相关系，即与吾人之利害相关系。就其实而言之，则知识者，固生于此欲，而示此欲以我与外界之关系，使之趋利而避害者也。常人之知识，止知我与物之关系，易言以明之，止知物之与我相关系者，而于此物中，又不过知其与我相关系之部分而已。及人知渐进，于是始知欲知此物与我之关系，不可不研究此物与彼物之关系。知愈大者，其研究愈远焉，自是而生各种之科学。如欲知空间之一部之与我相关系者，不可不知空间全体之关系，于是几何学兴焉（按，西洋几何学 Geometry 之本义系量地之意，可知古代视为应用之科学，而不视为纯粹之科学也）；欲知力之一部之与我相关系者，不可不知力之全体之关系，于是力学兴焉。吾人既知一物之全体之关系，又知此物与彼物之全体之关系，而立一法则焉，以应用之，于是物之现于吾前者，其与我之关系，及其与他物之关系，粲然陈于目前而无所遁。夫然后吾人得以利用此物，有其利而无其害，以使吾人生活之欲，增进于无穷。此科学之功效也。故科学上之成功，虽若层楼杰观，高严巨丽，然其基址则筑乎生活之欲之上，与政治上之系统立于生活之欲之上无以异。然则吾人理论与实际之二方面，皆此生活之欲之结果也。

由是观之，吾人之知识与实践之二方面，无往而不与生活之欲相关系，即与苦痛相关系。有兹一物焉，使吾人超然于利害之外，而忘物与我之关系。此时也，吾人之心，无希望，无恐怖，非复欲之我，而但知之我也。此犹积阴弥月，而旭日杲杲也；犹覆舟大海之中，浮沉上下，而漂著于故乡海岸也；犹阵云惨淡，而插翅之天使，赍①平和之福音而来者也；犹鱼之脱于罾网，鸟之自樊笼出，而游于山林江海也。然物之能使吾人超然于利害之外者，必其物之于吾人无利害之关系而后可，易言以明之，必其物非实物而后可。然则非美术何足以当之乎？夫自然界之物，无不与吾人有利害之关系，纵非直接，亦必间接相关系者也。苟吾人而能忘物与我之关系而观物，则夫自然界之山明水媚，鸟飞花落，固无往而非华胥之国、极乐之土也。岂独自然界而已，人类之言语动作、悲欢啼笑，孰非美之对象乎？然此物既与吾人有利害之关系，而吾人欲强离其关系而观之，自非天才，岂易及此？于是天才者出，以其所观于自然人生中者复现之于美术中，而使中智以下之人，亦因其物之与己无关系，而超然于利害之外。是故观物无方，因人而变：濠上之鱼，庄、惠之所乐也，而渔父袭之以网罟；舞雩之木，孔、曾之所憩也，而樵者继之以斤斧。若物非有形，心无所住，则虽殉财之夫、贵私之子，宁有对曹霸、韩干②之马，而计驰骋之乐；见毕宏、韦偃③之松，而思栋梁之用；求好逑于雅典之偶，思税驾④于金字之塔者哉？故美术之为物，欲者不观，观者不欲；而艺术之美所以优于自然之美者，全存于使人易忘物我之关系也。

而美之为物有二种：一曰优美，一曰壮美。苟一物焉，与吾

---

① 赍（jī）：送给。
② 曹霸、韩干为唐代画家，善画马。
③ 毕宏、韦偃为唐代画家，善画松石。
④ 税驾：解下驾车的马，引申为休息。

人无利害之关系,而吾人之观之也,不观其关系,而但观其物;或吾人之心中,无丝毫生活之欲存,而其观物也,不视为与我有关系之物,而但视为外物,则今之所观者,非昔之所观者也。此时吾心宁静之状态,名之曰优美之情,而谓此物曰优美。若此物大不利于吾人,而吾人生活之意志为之破裂,因之意志遁去,而知力得为独立之作用,以深观其物,吾人谓此物曰壮美,而谓其感情曰壮美之情。普通之美,皆属前种。至于地狱变相之图、决斗垂死之像、庐江小吏之诗、雁门尚书之曲,其人固氓庶之所共怜,其遇虽戾夫为之流涕,讵有子颀乐祸之心,宁无尼父反袂①之戚? 而吾人观之,不厌千复。歌德之诗曰:

> What in life doth only grieve us,
> That in art we gladly see.
> (凡人生中足以使人悲者,于美术中则吾人乐而观之。)

此之谓也。此即所谓壮美之情。而其快乐存于使人忘物我之关系,则固与优美无以异也。

至美术中之与二者相反者,名之曰眩惑②。夫优美与壮美,皆使吾人离生活之欲,而入于纯粹之知识者。若美术中而有眩惑之原质乎,则又使吾人自纯粹之知识出,而复归于生活之欲。

---

① 反袂:用袖子拭泪。
② 即叔本华所谓的"媚美"。

如粔籹蜜饵①,《招魂》《七发》之所陈;玉体横陈,周昉、仇英之所绘。《西厢记》之《酬柬》,《牡丹亭》之《惊梦》,伶元之传飞燕,杨慎之赝《秘辛》②,徒讽一而劝百,欲止沸而益薪。所以子云有靡靡之诮③,法秀有绮语之诃④。虽则梦幻泡影,可作如是观;而拔舌地狱,专为斯人设者矣。故眩惑之于美,如甘之于辛,火之于水,不相并立者也。吾人欲以眩惑之快乐,医人世之苦痛,是犹欲航断港而至海,入幽谷而求明,岂徒无益,而又增之。则岂不以其不能使人忘生活之欲,及此欲与物之关系,而反鼓舞之也哉!眩惑之与优美及壮美相反对,其故实存于此。

今既述人生与美术之概略如左,吾人且持此标准,以观我国之美术。而美术中以诗歌、戏曲、小说为其顶点,以其目的在描写人生故。吾人于是得一绝大著作,曰《红楼梦》。

《红楼梦》之精神

伯格⑤之诗曰:

Ye wise men, highly, deeply learned,

---

① 粔(jù)籹(nǚ)蜜饵:用蜜和米面做成的糕点。
② 指《杂事秘辛》,似为杨慎伪托汉人作。
③ 《史记》记载:"杨雄以为靡丽之赋,劝百而风一。"
④ 据《扪虱新话》,僧人法秀说黄庭坚作艳词为"笔墨海淫,于我法当堕泥犁之狱"。
⑤ 伯格:德国诗人。

Who think it out and know,

How, when and where do all things pair?

Why do they kiss and love?

Ye men of lofty wisdom, say

what happened to me then,

Search out and tell me where, how, when,

And why it happened thus.

(嗟汝哲人,靡所不知,靡所不学,既深且跻。粲粲生物,罔不匹俦,各齿厥唇,而相厥攸。匪汝哲人,孰知其故?自何时始,来自何处?嗟汝哲人,渊渊其知。相彼百昌,奚而熙熙?愿言哲人,诏余其故。自何时始,来自何处?)

伯格之问题,人人所有之问题,而人人未解决之大问题也。人有恒言曰:"饮食男女,人之大欲存焉。"然人七日不食则死,一日不再食则饥。若男女之欲,则于一人之生活上,宁有害无利者也,而吾人之欲之也如此,何哉?吾人自少壮以后,其过半之光阴、过半之事业,所计画、所勤动者为何事?汉之成、哀,曷为而丧其生?殷辛、周幽,曷为而亡其国?励精如唐玄宗,英武如后唐庄宗,曷为而不善其终?且人生苟为数十年之生活计,则其维持此生活,亦易易耳,曷为而其忧劳之度,倍蓰①而未有已?记曰:"人不婚宦,情欲失半。"人苟能解此问题,则于人生之知识,思过半矣。而蚩蚩者乃日用而不知,岂不可哀也欤!其自哲

---

① 倍蓰(xǐ):数倍。

学上解此问题者,则二千年间,仅有叔本华之《男女之爱之形而上学》①耳。诗歌小说之描写此事者,通古今东西,殆不能悉数,然能解决之者鲜矣。《红楼梦》一书,非徒提出此问题,又解决之者也。彼于开卷即下男女之爱之神话的解释,其叙此书之主人公贾宝玉之来历曰:

> 却说女娲氏炼石补天之时,于大荒山无稽崖,炼成高十二丈,见方二十四丈大的顽石三万六千五百零一块。那娲皇只用了三万六千五百块,单单剩下一块未用,弃在青埂峰下。谁知此石自经锻炼之后,灵性已通,自去自来,可大可小。因见众石俱得补天,独自己无才,不得入选,遂自怨自艾,日夜悲哀。
>
> (第一回)

此可知生活之欲之先人生而存在,而人生不过此欲之发现也。此可知吾人之堕落,由吾人之所欲,而意志自由之罪恶也。夫顽钝者既不幸而为此石矣,又幸而不见用,则何不游于广漠之野,无何有之乡,以自适其适,而必欲入此忧患劳苦之世界,不可谓非此石之大误也。由此一念之误,而遂造出十九年之历史,与百二十回之事实,与茫茫大士、渺渺真人何与? 又于第百十七回中,述宝玉与和尚之谈论曰:

---

① 即《性爱的形而上学》。

"弟子请问师父,可是从太虚幻境而来?"那和尚道:"什么幻境!不过是来处来,去处去罢了。我是送还你的玉来的。我且问你,那玉是从那里来的?"宝玉一时对答不来。那和尚笑道:"你的来路还不知,便来问我!"宝玉本来颖悟,又经点化,早把红尘看破,只是自己的底里未知,一闻那僧问起玉来,好像当头一棒,便说:"你也不用银子了,我把那玉还你罢。"那僧笑道:"早该还我了!"

所谓"自己的底里未知"者,未知其生活乃自己之一念之误,而此念之所自造也。及一闻和尚之言,始知此不幸之生活,由自己之所欲,而其拒绝之也,亦不得由自己,是以有还玉之言。所谓玉者,不过生活之欲之代表而已矣。故携入红尘者,非彼二人之所为,顽石自己而已;引登彼岸者,亦非二人之力,顽石自己而已。此岂独宝玉一人然哉?人类之堕落与解脱,亦视其意志而已。而此生活之意志,其于永远之生活,比个人之生活为尤切;易言以明之,则男女之欲,尤强于饮食之欲。何则?前者无尽的,后者有限的也;前者形而上的,后者形而下的也。又如上章所说生活之于苦痛,二者一而非二,而苦痛之度,与主张生活之欲之度为比例。是故前者之苦痛,尤倍蓰于后者之苦痛。而《红楼梦》一书,实示此生活此苦痛之由于自造,又示其解脱之道不可不由自己求之者也。

而解脱之道,存于出世,而不存于自杀。出世者,拒绝一切生活之欲者也。彼知生活之无所逃于苦痛,而求入于无生之域。

当其终也,恒干①虽存,固已形如槁木,而心如死灰矣。若生活之欲如故,但不满于现在之生活,而求主张之于异日,则死于此者,固不得不复生于彼,而苦海之流,又将与生活之欲而无穷。故金钏之堕井也,司棋之触墙也,尤三姐、潘又安之自刎也,非解脱也,求偿其欲而不得者也。彼等之所不欲者,其特别之生活,而对生活之为物,则固欲之而不疑也。故此书中真正之解脱,仅贾宝玉、惜春、紫鹃三人耳。而柳湘莲之入道,有似潘又安;芳官之出家,略同于金钏。故苟有生活之欲存乎,则虽出世而无与于解脱;苟无此欲,则自杀亦未始非解脱之一者也。如鸳鸯之死,彼固有不得已之境遇在,不然,则惜春、紫鹃之事,固亦其所优为者也。

而解脱之中,又自有二种之别:一存于观他人之苦痛,一存于觉自己之苦痛。然前者之解脱,唯非常之人为能,其高百倍于后者,而其难亦百倍。但由其成功观之,则二者一也。通常之人,其解脱由于苦痛之阅历,而不由于苦痛之知识。唯非常之人,由非常之知力,而洞观宇宙人生之本质,始知生活与苦痛之不能相离,由是求绝其生活之欲,而得解脱之道。然于解脱之途中,彼之生活之欲,犹时时起而与之相抗,而生种种之幻影。所谓恶魔者,不过此等幻影之人物化而已矣。故通常之解脱,存于自己之苦痛。彼之生活之欲,因不得其满足而愈烈,又因愈烈而愈不得其满足,如此循环,而陷于失望之境遇,遂悟宇宙人生之真相,遽而求其息肩之所。彼全变其气质,而超出乎苦乐之外,

---

① 恒干:指躯体。

举昔之所执着者,一旦而舍之。彼以生活为炉,苦痛为炭,而铸其解脱之鼎。彼以疲于生活之欲故,故其生活之欲,不能复起而为之幻影。此通常之人解脱之状态也。前者之解脱,如惜春、紫鹃;后者之解脱,如宝玉。前者之解脱,超自然的也,神明的也;后者之解脱,自然的也,人类的也。前者之解脱,宗教的也;后者美术的也。前者平和的也;后者悲感的也,壮美的也,故文学的也,诗歌的也,小说的也。此《红楼梦》之主人公,所以非惜春、紫鹃,而为贾宝玉者也。

呜呼!宇宙一生活之欲而已。而此生活之欲之罪过,即以生活之苦痛罚之,此即宇宙之永远的正义也。自犯罪,自加罚,自忏悔,自解脱。美术之务,在描写人生之苦痛与其解脱之道,而使吾侪冯生①之徒,于此桎梏之世界中,离此生活之欲之争斗,而得其暂时之平和。此一切美术之目的也。夫欧洲近世之文学中,所以推歌德之《浮士德》为第一者,以其描写博士浮士德之苦痛,及其解脱之途径,最为精切故也。若《红楼梦》之写宝玉,又岂有以异于彼乎?彼于缠陷最深之中,而已伏解脱之种子,故听《寄生草》之曲,而悟立足之境;读《胠箧》之篇,而作焚花散麝之想,所以未能者,则以黛玉尚在耳。至黛玉死而其志渐决,然尚屡失于宝钗,几败于五儿,屡蹶屡振,而终获最后之胜利。读者观自九十八回以至百二十回之事实,其解脱之行程、精进之历史,明了精切何如哉!且浮士德之苦痛,天才之苦痛;宝玉之苦痛,人人所有之苦痛也。其存于人之根柢者为独深,而其

---

① 冯(píng)生:贪生。

希救济也为尤切。作者一一掇拾而发挥之。我辈之读此书者,宜如何表满足感谢之意哉!而吾人于作者之姓名,尚未有确实之知识①,岂徒吾侪寡学之羞,亦足以见二百余年来吾人之祖先,对此宇宙之大著述,如何冷淡遇之也。谁使此大著述之作者,不敢自署其名?此可知此书之精神,大背于吾国人之性质,及吾人之沉溺于生活之欲,而乏美术之知识,有如此也。然则予之为此论,亦自知有罪也矣。

《红楼梦》之美学上之价值

如上章之说,吾国人之精神,世间的也,乐天的也,故代表其精神之戏曲小说,无往而不著此乐天之色彩,始于悲者终于欢,始于离者终于合,始于困者终于亨;非是而欲厌阅者之心难矣!若《牡丹亭》之返魂,《长生殿》之重圆,其最著之一例也。《西厢记》之以《惊梦》终也,未成之作也;此书若成,吾乌知其不为《续西厢》之浅陋也?有《水浒传》矣,曷为而又有《荡寇志》?有《桃花扇》矣,曷为而又有《南桃花扇》?有《红楼梦》矣,彼《红楼复梦》《补红楼梦》《续红楼》者,曷为而作也?又曷为而有反对《红楼梦》之《儿女英雄传》?故吾国之文学中,其具厌世解脱之精神者,仅有《桃花扇》与《红楼梦》耳。而《桃花扇》之解脱,非真解脱也。沧桑之变,目击之而身历之,不能自悟,而悟于张

---

① 王国维写作此文时期,《红楼梦》作者尚不明,经胡适的考证,才确定作者曹雪芹及其生平,并提出后四十回是其他人续写的。

道士之一言；且以历数千里，冒不测之险，投缧绁①之中，所索之女子，才得一面，而以道士之言，一朝而舍之，自非三尺童子，其谁信之哉！故《桃花扇》之解脱，他律的也；而《红楼梦》之解脱，自律的也。且《桃花扇》之作者，但借侯、李之事，以写故国之戚，而非以描写人生为事。故《桃花扇》，政治的也，国民的也，历史的也；《红楼梦》，哲学的也，宇宙的也，文学的也。此《红楼梦》之所以大背于吾国人之精神，而其价值亦即存乎此。彼《南桃花扇》《红楼复梦》等，正代表吾国人乐天之精神者也。

《红楼梦》一书，与一切喜剧相反，彻头彻尾之悲剧也。其大宗旨如上章之所述，读者既知之矣。除主人公不计外，凡此书中之人，有与生活之欲相关系者，无不与苦痛相终始，以视宝琴、岫烟、李纹、李绮等，若藐姑射神人，夐乎②不可及矣。夫此数人者，曷尝无生活之欲，曷尝无苦痛？而书中既不及写其生活之欲，则其苦痛自不得而写之，足以见二者如骖之靳③，而永远的正义，无往不逞其权力也。又吾国之文学，以挟乐天的精神故，故往往说诗歌的正义，善人必令其终，而恶人必离④其罚，此亦吾国戏曲小说之特质也。《红楼梦》则不然，赵姨、凤姐之死，非鬼神之罚，彼良心自己之苦痛也。若李纨之受封，彼于《红楼梦》十四曲中，固已明说之曰：

---

① 缧绁（léixiè）：囚禁。
② 夐（xiòng）乎：遥远。
③ 如骖（cān）之靳：像骖马跟随服马，比喻前后相随。
④ 离：遭受。

[晚韶华]镜里恩情,更那堪梦里功名!那韶华去之何迅,再休提绣帐鸳衾。只这戴珠冠,披凤袄,也抵不了无常性命。虽说是人生莫受老来贫,也须要阴骘积儿孙。气昂昂头戴簪缨,光灿灿胸悬金印,威赫赫爵禄高登,昏惨惨黄泉路近。问古来将相可还存?也只是虚名儿与后人钦敬。

(第五回)

此足以知其非诗歌的正义,而既有世界人生以上,无非永远的正义之所统辖也。故曰《红楼梦》一书,彻头彻尾的悲剧也。

由叔本华之说,悲剧之中,又有三种之别:第一种之悲剧,由极恶之人,极其所有之能力,以交构之者;第二种,由于盲目的运命者;第三种之悲剧,由于剧中之人物之位置及关系而不得不然者,非必有蛇蝎之性质与意外之变故也,但由普遍之人物,普通之境遇,逼之不得不如是,彼等明知其害,交施之而交受之,各加以力而各不任其咎。此种悲剧,其感人贤于前二者远甚。何则?彼示人生最大之不幸,非例外之事,而人生之所固有故也。若前二种之悲剧,吾人对蛇蝎之人物,与盲目之命运,未尝不悚然战栗,然以其罕见之故,犹幸吾生之可以免,而不必求息肩之地也。但在第三种,则见此非常之势力,足以破坏人生之福祉者,无时而不可坠于吾前;且此等惨酷之行,不但时时可受诸己,而或可以加诸人,躬丁①其酷,而无不平之可鸣,此可谓天下之至惨也。

---

① 躬丁:自身遭受。

若《红楼梦》,则正第三种之悲剧也。兹就宝玉、黛玉之事言之。贾母爱宝钗之婉嫕①,而惩黛玉之孤僻,又信金玉之邪说,而思压宝玉之病;王夫人固亲于薛氏;凤姐以持家之故,忌黛玉之才,而虞②其不便于己也;袭人惩尤二姐、香菱之事,闻黛玉"不是东风压西风,就是西风压东风"之语(第八十二回),惧祸之及,而自同于凤姐,亦自然之势也。宝玉之于黛玉,信誓旦旦,而不能言之于最爱之之祖母,则普通之道德使然;况黛玉一女子哉!由此种种原因,而金玉以之合,木石以之离,又岂有蛇蝎之人物,非常之变故,行于其间哉?不过通常之道德,通常之人情,通常之境遇为之而已。由此观之,《红楼梦》者,可谓悲剧中之悲剧也。

由此之故,此书中壮美之部分,较多于优美之部分,而眩惑之原质殆绝焉。作者于开卷即申明之曰:

> 更有一种风月笔墨,其淫秽污臭,最易坏人子弟。至于才子佳人等书,则又开口文君,满篇子建,千部一腔,千人一面,且终不能不涉淫滥。在作者不过欲写出自己两首情诗艳赋来,故假捏出男女二人名姓,又必旁添一小人拨乱其间,如戏中小丑一般。(此又上节所言之一证。)

兹举其最壮美者之一例,即宝玉与黛玉最后之相见一节曰:

---

① 婉嫕(yì):温顺和善。
② 虞:忧虑。

那黛玉听着傻大姐说宝玉娶宝钗的话,此时心里竟是油儿酱儿糖儿醋儿倒在一处的一般,甜苦酸咸,竟说不上什么味儿来了。……自己转身要回潇湘馆去,那身子竟有千百斤重的,两只脚却像踏着棉花一般,早已软了,只得一步一步慢慢的走将下来。走了半天,还没到沁芳桥畔,脚下愈加软了。走的慢,且又迷迷痴痴,信着脚从那边绕过来,更添了两箭地路。这时刚到沁芳桥畔,却又不知不觉的顺着堤往向里走起来。紫鹃取了绢子来,却不见黛玉。正在那里看时,只见黛玉颜色雪白,身子恍恍荡荡的,眼睛也直直的,在那里东转西转……只得赶过来轻轻的问道:"姑娘怎么又回去?是要往哪里去?"黛玉也只模糊听见,随口答道:"我问问宝玉去。"……紫鹃只得搀他进去。那黛玉却又奇怪了,这时不似先前那样软了,也不用紫鹃打帘子,自己掀起帘子进来。……见宝玉在那里坐着,也不起来让坐,只瞧着嘻嘻的呆笑。黛玉自己坐下,却也瞧着宝玉笑。两个也不问好,也不说话,也无推让,只管对着脸呆笑起来。忽然听着黛玉说道:"宝玉!你为什么病了?"宝玉笑道:"我为林姑娘病了。"袭人、紫鹃两个,吓得面目改色,连忙用言语来岔。两个却又不答言,仍旧呆笑起来。……紫鹃搀起黛玉,那黛玉也就站起来,瞧着宝玉,只管笑,只管点头儿。紫鹃又催道:"姑娘回家去歇歇罢。"黛玉道:"可不是,我这就是回去的时候儿了!"说着,便回身笑着出来了。仍旧不用丫头们搀扶,自己却走得比往常飞快。

（第九十六回）

如此之文，此书中随处有之，其动吾人之感情何如！凡稍有审美的嗜好者，无人不经验之也。

《红楼梦》之为悲剧也如此。昔亚里士多德于《诗论》①中，谓悲剧者，所以感发人之情绪而高上之，殊如恐惧与悲悯之二者，为悲剧中固有之物，由此感发，而人之精神于焉洗涤。故其目的，伦理学上之目的也。叔本华置诗歌于美术之顶点，又置悲剧于诗歌之顶点，而于悲剧之中，又特重第三种，以其示人生之真相，又示解脱之不可已故。故美学上最终之目的，与伦理学上最终之目的合。由是《红楼梦》之美学上之价值，亦与其伦理学上之价值相联络也。

《红楼梦》之伦理学上之价值

自上章观之，《红楼梦》者，悲剧中之悲剧也。其美学上之价值，即存乎此。然使无伦理学上之价值以继之，则其于美术上之价值，尚未可知也。今使为宝玉者，于黛玉既死之后，或感愤而自杀，或放废以终其身，则虽谓此书一无价值可也。何则？欲达解脱之域者，固不可不尝人世之忧患，然所贵乎忧患者，以其为解脱之手段故，非重忧患自身之价值也。今使人日日居忧患言忧患，而无希求解脱之勇气，则天国与地狱，彼两失之；其所领

---

① 即《诗学》。

之境界,除阴云蔽天,沮洳①弥望外,固无所获焉。黄仲则②《绮怀》诗曰:

> 如此星辰非昨夜,为谁风露立中宵?

又其卒章曰:

> 结束铅华归少作,屏除丝竹入中年。
> 茫茫来日愁如海,寄语羲和快着鞭。

其一例也。《红楼梦》则不然,其精神之存于解脱,如前二章所说,兹固不俟喋喋也。

然则解脱者,果足为伦理学上最高之理想否乎? 自通常之道德观之,夫人知其不可也。夫宝玉者,固世俗所谓绝父子、弃人伦、不忠不孝之罪人也。然自太虚中有今日之世界,自世界中有今日之人类,乃不得不有普通之道德,以为人类之法则。顺之者安,逆之者危;顺之者存,逆之者亡。于今日之人类中,吾固不能不认普通之道德之价值也。然所以有世界人生者,果有合理的根据欤? 抑出于盲目的动作,而别无意义存乎其间欤? 使世界人生之存在,而有合理的根据,则人生中所有普通之道德,谓之绝对的道德可也。然吾人从各方面观之,则世界人生之所以

---

① 沮洳(rù):低湿的沼泽。
② 即黄景仁,字仲则,清代诗人。

存在,实由吾人类之祖先一时之误谬。诗人之所悲歌,哲学者之所冥想,与夫古代诸国民之传说,若出一揆。若第二章所引《红楼梦》第一回之神话的解释,亦于无意识中暗示此理,较之《创世记》所述人类犯罪之历史,尤为有味者也。夫人之有生,既为鼻祖之误谬矣,则夫吾人之同胞,凡为此鼻祖之子孙者,苟有一人焉,未入解脱之域,则鼻祖之罪,终无时而赎,而一时之误谬,反复至数千万年而未有已也。则夫绝弃人伦如宝玉其人者,自普通之道德言之,固无所辞其不忠不孝之罪,若开天眼而观之,则彼固可谓干父之蛊①者也。知祖父之误谬,而不忍反复之以重其罪,顾得谓之不孝哉?然则宝玉"一子出家,七祖升天"之说,诚有见乎所谓孝者,在此不在彼,非徒自辩护而已。

  然则举世界之人类,而尽入于解脱之域,则所谓宇宙者,不诚无物也欤?然有无之说,盖难言之矣。夫以人生之无常,而知识之不可恃,安知吾人之所谓有,非所谓真有者乎?则自其反而言之,又安知吾人之所谓无,非所谓真无者乎?即真无矣,而使吾人自空乏与满足、希望与恐怖之中出,而获永远息肩之所,不犹愈于世之所谓有者乎?然则吾人之畏无也,与小儿之畏暗黑何以异?自已解脱者观之,安知解脱之后,山川之美,日月之华,不有过于今日之世界者乎?读《飞鸟各投林》之曲,所谓一片白茫茫大地真干净者,有欤无欤?吾人且勿问,但立乎今日之人生而观之,彼诚有味乎其言之也。

  难者又曰:人苟无生,则宇宙间最可宝贵之美术,不亦废欤?

---

 ① 干父之蛊:继承父亲未竟的事业。

曰：美术之价值，对现在之世界人生而起者，非有绝对的价值也；其材料取诸人生，其理想亦视人生之缺陷逼仄，而趋于其反对之方面。如此之美术，唯于如此之世界、如此之人生中，始有价值耳。今设有人焉，自无始以来，无生死，无苦乐，无人世之挂碍，而唯有永远之知识，则吾人所宝为无上之美术，自彼视之，不过蛩鸣蝉噪而已。何则？美术上之理想，固彼之所自有；而其材料，又彼之所未尝经验故也。又设有人焉，备尝人世之苦痛，而已入于解脱之域，则美术之于彼也，亦无价值。何则？美术之价值，存于使人离生活之欲，而入于纯粹之知识。彼既无生活之欲矣，而复进之以美术，是犹馈壮夫以药石，多见其不知量而已矣。然而超今日之世界人生以外者，于美术之存亡，固自可不必问也。

夫然，故世界之大宗教，如印度之婆罗门教及佛教，希伯来之基督教，皆以解脱为唯一之宗旨。哲学家如古代希腊之柏拉图，近世德意志之叔本华，其最高之理想，亦存于解脱。殊如叔本华之说，由其深邃之知识论、伟大之形而上学出，一扫宗教之神话的面具，而易以名学之论法，其真挚之感情与巧妙之文字，又足以济之，故其说精密确实，非如古代之宗教及哲学说，徒属想象而已。然事不厌其求详，姑以生平所疑者商榷焉。夫由叔氏之哲学说，则一切人类及万物之根本，一也。故充叔氏拒绝意志之说，非一切人类及万物，各拒绝其生活之意志，则一人之意志，亦不可得而拒绝。何则？生活之意志之存于我者，不过其一最小部分，而其大部分之存于一切人类及万物者，皆与我之意志同。而此物我之差别,仅由于吾人知力之形式,故离此知力之形式,而反其根本而观之,则一切人类及万物之意志,皆我之意志也。然则拒绝吾一人之意志,而姝姝自悦曰解脱,是何异决蹄涔①之水,而注之沟壑,而曰天下皆得平土而居之哉!佛之言曰:"若不尽度众生,誓不成佛。"其言犹若有能之而不欲之意。然自吾人观之,此岂徒能之而不欲哉!将毋欲之而不能也。故如叔本华之言,一人之解脱,而未言世界之解脱,实与其意志同一之说不能两立者也。叔氏无意识中亦触此疑问,故于其《意志及观念之世界》之第四编之末,力护其说曰:

> 人之意志,于男女之欲,其发现也为最著。故完全之贞操,乃拒绝意志,即解脱之第一步也。夫自然中之法则,固自最确实者。使人人而行此格言,则人类之灭绝,自可立而待。至人类以降之动物,其解脱与坠落,亦当视人类以为准。《吠陀》之经典曰:"一切众生之待圣人,如饥儿之望慈父母也。"基督教中亦有此思想。珊列休斯于其《人持一切物归于上帝》之小诗中曰:"嗟汝万物灵,有生皆爱汝。总总环汝旁,如儿索母乳。携之适天国,唯汝力是怙。"德意志之神秘学者马斯太哀克赫德亦云:"《约翰福音》云:余之离世界也,将引万物而与我俱。基督岂欺我哉!夫善人固将持万物而归之于上帝,即其所从出之本者也。今夫一切生物,皆为人而造,又各自相为用;牛羊之于水草,鱼之于

---

① 蹄涔:容量、体积微小。

水,鸟之于空气,野兽之于林莽,皆是也。一切生物皆上帝所造,以供善人之用,而善人携之以归上帝。"彼意盖谓人之所以有用动物之权利者,实以能救济之之故也。

于佛教之经典中,亦说明此真理。方佛之尚为菩提萨埵①也,自王宫逸出而入深林时,彼策其马而歌曰:"汝久疲于生死兮,今将息此任载。负余躬以遐举兮,继今日而无再。苟彼岸其余达兮,余将徘徊以汝待。"(《佛国记》)此之谓也。)

(英译《意志及观念之世界》第一册第四百九十二页)

然叔氏之说,徒引据经典,非有理论的根据也。试问释迦示寂以后,基督尸十字架以来,人类及万物之欲生奚若?其痛苦又奚若?吾知其不异于昔也。然则所谓持万物而归之上帝者,其尚有所待欤?抑徒沾沾自喜之说,而不能见诸实事者欤?果如后说,则释迦、基督自身之解脱与否,亦尚在不可知之数也。往者作一律曰:

生平颇忆挈卢敖②,东过蓬莱浴海涛。何处云中闻犬吠,至今湖畔尚鸟号。人间地狱真无间,死后泥洹枉自豪。终古众生无度日,世尊祇合老尘嚣。

---

① 菩提萨埵:梵文音译,意为觉悟的众生,即菩萨。
② 卢敖:秦代方士,为秦始皇寻长生药。

何则？小宇宙之解脱,视大宇宙之解脱以为准故也。赫尔德曼人类涅槃之说,所以起而补叔氏之缺点者以此。要之,解脱之足以为伦理学上最高之理想与否,实存于解脱之可能与否。若夫普通之论难,则固如楚楚蜉蝣,不足以撼十围之大树也。

今使解脱之事,终不可能,然一切伦理学上之理想,果皆可能也欤？今夫与此无生主义相反者,生生主义也。夫世界有限,而生人无穷。以无穷之人,生有限之世界,必有不得遂其生者矣。世界之内,有一人不得遂其生者,固生生主义之理想之所不许也。故由生生主义之理想,则欲使世界生活之量,达于极大限,则人人生活之度,不得不达于极小限。盖度与量二者,实为一精密之反比例,所谓最大多数之最大福祉者,亦仅归于伦理学者之梦想而已。夫以极大之生活量,而居于极小之生活度,则生活之意志之拒绝也奚若？此生生主义与无生主义相同之点也。苟无此理想,则世界之内,弱之肉,强之食,一任诸天然之法则耳,奚以伦理为哉？然世人日言生生主义,而此理想之达于何时,则尚在不可知之数。要之,理想者,可近而不可即,亦终古不过一理想而已矣。人知无生主义之理想之不可能,而自忘其主义之理想之何若,此则大不可解脱者也。

夫如是,则《红楼梦》之以解脱为理想者,果可菲薄也欤？夫以人生忧患之如彼,而劳苦之如此,苟有血气者,未有不渴慕救济者也;不求之于实行,犹将求之于美术。独《红楼梦》者,同时与吾人以二者之救济。人而自绝于救济则已耳;不然,则对此宇宙之大著述,宜如何企踵而欢迎之也！

余　论

　　自我朝考证之学盛行,而读小说者,亦以考证之眼读之。于是评《红楼梦》者,纷然索此书之主人公之为谁,此又甚不可解者也。夫美术之所写者,非个人之性质,而人类全体之性质也。唯美术之特质,贵具体而不贵抽象。于是举人类全体之性质,置诸个人之名字之下。譬诸副墨之子、洛诵之孙①,亦随吾人之所好名之而已。善于观物者能就个人之事实,而发见人类全体之性质。今对人类之全体,而必规规焉求个人以实之,人之知力相越,岂不远哉!故《红楼梦》之主人公,谓之贾宝玉可,谓之"子虚""乌有"先生可,即谓之纳兰容若,谓之曹雪芹,亦无不可也。

　　综观评此书者之说,约有二种:一谓述他人之事,一谓作者自写其生平也。第一说中,大抵以贾宝玉为即纳兰性德,其说要非无所本。按,性德《饮水诗集·别意》六首之三曰:

　　独拥余香冷不胜,残更数尽思腾腾。今宵便有随风梦,知在红楼第几层?

又《饮水词》中《于中好》一阕云:

　　别绪如丝睡不成,那堪孤枕梦边城。因听紫塞三更雨,

---

①　副墨之子、洛诵之孙:庄子虚拟的人名,代指文字和语言。

李迪 《雪树寒禽图》

李迪 《红白芙蓉图》

却忆红楼半夜灯。

又《减字木兰花》一阕咏新月云：

> 莫教星替，守取团圆终必遂。此夜红楼，天上人间一样愁。

"红楼"之字凡三见，而云"梦红楼"者一。又其亡妇忌日，作《金缕曲》一阕，其首三句云：

> 此恨何时已，滴空阶、寒更雨歇，葬花天气。

"葬花"二字，始出于此。然则《饮水集》与《红楼梦》之间，稍有文字之关系，世人以宝玉为即纳兰侍卫者，殆由于此。然诗人与小说家之用语，其偶合者固不少。苟执此例以求《红楼梦》之主人公，吾恐其可以傅合者，断不止容若一人而已。若夫作者之姓名（遍考各书，未见曹雪芹何名）与作书之年月，其为读此书者所当知，似更比主人公之姓名为尤要，顾无一人为之考证者，此则大不可解者也。

至谓《红楼梦》一书，为作者自道其生平者，其说本于此书第一回"竟不如我亲见亲闻的几个女子"一语。信如此说，则但丁之《天国喜剧》[①]可谓无独有偶者矣。然所谓亲见亲闻者，亦

[①] 即《神曲》。描绘诗人游历地狱、炼狱、天国所见。

可自旁观者之口言之,未必躬为剧中之人物。如谓书中种种境界,种种人物,非局中人不能道,则是《水浒传》之作者必为大盗,《三国演义》之作者必为兵家,此又大不然之说也。且此问题,实为美术之渊源之问题相关系。如谓美术上之事,非局中人不能道,则其渊源必全存于经验而后可。夫美术之源,出于先天,抑由于经验,此西洋美学上至大之问题也。叔本华之论此问题也,最为透辟。兹援其说,以结此论。其言(此论本为绘画及雕刻发,然可通之于诗歌小说)曰:

> 人类之美之产于自然中者,必由下文解释之,即意志于其客观化之最高级(人类)中,由自己之力与种种之情况,而打胜下级(自然力)之抵抗,以占领其物质。且意志之发现于高等之阶级也,其形式必复杂。即以一树言之,乃无数之细胞,合而成一系统者也。其阶级愈高,其结合愈复。人类之身体,乃最复杂之系统也,各部分各有一特别之生活,其对全体也,则为隶属;其互相对也,则为同僚;互相调和,以为其全体之说明,不能增也,不能减也。能如此者,则谓之美。此自然中不得多见者也。顾美之于自然中如此,于美术中则何如?或有以美术家为模仿自然者。然彼苟无美之预想存于经验之前,则安从取自然中完全之物而模仿之,又以之与不完全者相区别哉?且自然亦安得时时生一人焉,于其各部分皆完全无缺哉?或又谓美术家必先于人之肢体中,观美丽之各部分,而由之以构成美丽之全体。此又

大愚不灵之说也。即令如此,彼又何自知美丽之在此部分而非彼部分哉?故美之知识,断非自经验的得之,即非后天的而常为先天的;即不然,亦必其一部分常为先天的也。吾人于观人类之美后,始认其美;但在真正之美术家,其认识之也,极其明速之度,而其表出之也,胜乎自然之为。此由吾人之自身即意志,而于此所判断及发见者,乃意志于最高级之完全之客观化也。唯如是,吾人斯得有美之预想。而在真正之天才,于美之预想外,更伴以非常之巧力。彼于特别之物中,认全体之理念,遂解自然之嗫嚅之言语而代言之,即以自然所百计而不能产出之美,现之于绘画及雕刻中,而若语自然曰:此即汝之所欲言而不得者也。苟有判断之能力者,必将应之曰是。唯如是,故希腊之天才,能发见人类之美之形式,而永为万世雕刻家之模范。唯如是,故吾人对自然于特别之境遇中所偶然成功者,而得认其美。此美之预想,乃自先天中所知者,即理想的也;比其现于美术也,则为实际的。何则?此与后天中所与之自然物相合故也。如此,美术家先天中有美之预想,而批评家于后天中认识之,此由美术家及批评家,乃自然之自身之一部,而意志于此客观化者也。恩培多克勒①曰:"同者唯同者知之。"故唯自然能知自然,唯自然能言自然,则美术家有自然之美之预想,固自不足怪也。

---

① 恩培多克勒:古希腊哲学家。

色诺芬①述苏格拉底之言曰:"希腊人之发见人类之美之理想也由于经验,即集合种种美丽之部分,而于此发见一膝,于彼发见一臂。"此大谬之说也。不幸而此说又蔓延于诗歌中。即以莎士比亚言之,谓其戏曲中所描写之种种之人物,乃其一生之经验中所观察者,而极其全力以摹写之者也。然诗人由人性之预想而作戏曲、小说,与美术家之由美之预想而作绘画及雕刻无以异。唯两者于其创作之途中,必须有经验以为之补助。夫然,故其先天中所已知者,得唤起而入于明晰之意识而后表出之,事乃可得而能也。

(叔氏《意志及观念之世界》第一册第二百八十五页至八十九页)

由此观之,则谓《红楼梦》中所有种种之人物、种种之境遇,必本于作者之经验,则雕刻与绘画家之写人之美也,必此取一膝、彼取一臂而后可,其是与非,不待知者而决矣。读者苟玩前数章之说,而知《红楼梦》之精神与其美学、伦理学上之价值,则此种议论自可不生。苟知美术之大有造于人生,而《红楼梦》自足为我国美术上之唯一大著述,则其作者之姓名与其著书之年月,固当为唯一考证之题目。而我国人之所聚讼者,乃不在此而在彼,此足以见吾国人之对此书之兴味之所在,自在彼而不在此也。故为破其惑如此。

---

① 色诺芬:古希腊史学家,苏格拉底的学生。

宋元戏曲考(节选)①

自 序

　　凡一代有一代之文学。楚之骚,汉之赋,六代之骈语,唐之诗,宋之词,元之曲,皆所谓一代之文学,而后世莫能继焉者也。独元人之曲,为时既近,托体稍卑,故两朝史志及《四库》集部均不著于录,后世儒硕皆鄙弃不复道。而为此学者,大率不学之徒;即有一二学子以余力及此,亦未有能观其会通,窥其奥窔②者。遂使一代文献郁堙沉晦者且数百年,愚甚惑焉。往者读元人杂剧而善之,以为能道人情,状物态,词采俊拔而出乎自然。盖古所未有,而后人所不能仿佛也。辄思究其渊源,明其变化之迹,以为非求诸唐、宋、辽、金之文学,弗能得也。乃成《曲录》六卷,《戏曲考原》一卷,《宋大曲考》一卷,《优语录》二卷,《古剧

---

① 《宋元戏曲考》共十六章,篇幅较长,且一些章节过于专业,大量列举材料,本书只为读者对王国维戏曲思想有基本了解,故只选取数章。
② 奥窔(yào):堂室之内,引申为精微之处。

脚色考》一卷,《曲调源流表》一卷。从事既久,续有所得,颇觉昔人之说与自己之书罅漏日多,而手所疏记与心所领会者,亦日有增益。壬子岁暮,旅居多暇,乃以三月之力写为此书。凡诸材料,皆余所搜集;其所说明,亦大抵余之所创获也。世之为此学者自余始,其所贡于此学者,亦以此书为多。非吾辈才力过于古人,实以古人未尝为此学故也。写定有日,辄记其缘起。其有匡正补益,则俟诸异日云。海宁王国维序。

宋之小说杂戏

宋之滑稽戏虽托故事以讽时事,然不以演事实为主,而以所含之意义为主。至其变为演事实之戏剧,则当时之小说实有力焉。

小说之名起于汉,《西京赋》云:"小说九百,本自虞初。"《汉书·艺文志》有"《虞初周说》九百四十四篇"。其书之体例如何,今无由知。唯《魏略》(《魏志·王粲传》注引)言:"临淄侯植①,诵俳优小说数千言。"则似与后世小说已不相远。六朝时,干宝、任昉、刘义庆诸人咸有著述,至唐而大盛。今《太平广记》所载,实集其成。然但为著述上之事,与宋之小说无与焉。宋之小说则不以著述为事,而以讲演为事。灌园耐得翁《都城纪胜》谓说话有四种:一小说,一说经,一说参请,一说史书。《梦粱录》(卷二十)所纪略同。《武林旧事》(卷六)所载诸色伎艺人

---

① 即曹植。

中,有书会(谓说书会),有演史,有说经诨经,有小说。而《都城纪胜》《梦粱录》均谓小说人能以一朝一代故事,顷刻间提破。则演史与小说自为一类。此三书所记皆南渡以后之事,而其源则发于宋初。高承《事物纪原》(卷九):"仁宗时,市人有能谈三国事者,或采其说,加缘饰,作影人。"《东坡志林》(卷六):王彭尝云"涂巷中小儿薄劣,为其家所厌苦,辄与钱,令聚坐,听说古话,至说三国事"云云。《东京梦华录》(卷五)所载京瓦伎艺,有霍四究说三分①,尹常卖《五代史》。至南渡以后,有敷衍《复华篇》及《中兴名将传》者,见于《梦粱录》。此皆演史之类也。其无关史事者,则谓之小说。《梦粱录》云:"小说一名银字儿,如烟粉、灵怪、传奇、公案、朴刀、杆棒、发迹、变泰等事。"则其体例亦当与演史大略相同。今日所传之《五代平话》,实演史之遗;《宣和遗事》,殆小说之遗也。此种说话以叙事为主,与滑稽剧之但托故事者迥异。其发达之迹虽略与戏曲平行,而后世戏剧之题目多取诸此,其结构亦多依仿为之,所以资戏剧之发达者实不少也。

至与戏剧更相近者,则为傀儡。傀儡起于周季,《列子》以偃师刻木人事为在周穆王时,或系寓言;然谓列子时已有此事,当不诬也。《乐府杂录》以为起于汉祖平城之围,其说无稽。《通典》则云:"窟礧子,作偶人以戏,善歌舞,本丧家乐也,汉末始用之于嘉会。"其说本于应劭《风俗通》,则汉时固确有此戏矣。汉时此戏结构如何,虽不可考,然六朝之际,此戏已演故事。

———————

① 三分:宋代说书题材,指三国故事。

《颜氏家训·书证篇》:"或问:俗名傀儡子为郭秃,有故实乎?答曰:《风俗通》云,诸郭皆讳秃,当是前世有姓郭而病秃者,滑稽调戏,故后人为其象,呼为郭秃。"唐时傀儡戏中之郭郎实出于此,至宋犹有此名。唐之傀儡亦演故事,《封氏闻见记》(卷六):"大历中,太原节度辛景云葬日,诸道节度使使人修祭。范阳祭盘最为高大,刻木为尉迟鄂公、突厥斗将之象,机关动作,不异于生。祭讫,灵车欲过,使者请曰:对数未尽。又停车,设项羽与汉高祖会鸿门之象,良久乃毕。"至宋而傀儡最盛,种类亦最繁,有悬丝傀儡、走线傀儡、杖头傀儡、药发傀儡、肉傀儡、水傀儡各种(见《东京梦华录》《武林旧事》《梦粱录》)。《梦粱录》云:"凡傀儡敷衍烟粉、灵怪、铁骑、公案、史书、历代君臣将相故事话本,或讲史,或作杂剧,或如崖词①。(中略)大抵弄此,多虚少实,如《巨灵神》《朱姬大仙》等也。"则宋时此戏实与戏剧同时发达,其以敷衍故事为主,且较胜于滑稽剧。此于戏剧之进步上,不能不注意者也。

傀儡之外,似戏剧而非真戏剧者,尚有影戏。此则自宋始有之。《事物纪原》(卷九):"宋朝仁宗时,市人有能谈三国事者,或采其说加缘饰、作影人,始为魏、吴、蜀三分战争之象。"《东京梦华录》所载京瓦伎艺,有影戏,有乔影戏。南宋尤盛。《梦粱录》云:"有弄影戏者,元汴京初以素纸雕簇,自后人巧工精,以羊皮雕形,以彩色装饰,不致损坏。(中略)其话本与讲史书者颇同,大抵真假相半。公忠者雕以正貌,奸邪者刻以丑形,盖亦

---

① 崖词:宋代一种诗赞形式的说唱文学。

寓褒贬于其间耳。"然则影戏之为物,专以演故事为事,与傀儡同。此亦有助于戏剧之进步者也。

以上三者,皆以演故事为事。小说但以口演,傀儡、影戏则为其形象矣,然而非以人演也;其以人演者,戏剧之外,尚有种种,亦戏剧之支流,而不可不一注意也:

三教 《东京梦华录》(卷十):"(十二月)即有贫者,三教人为一火,装妇人、神、鬼,敲锣击鼓,巡门乞钱,俗呼为'打夜胡'。"

讶鼓 《续墨客挥犀》(卷七):"王子醇初平熙河,边陲宁静,讲武之暇,因教军士为讶鼓戏,数年间遂盛行于世。其举动、舞装之状与优人之词,皆子醇初制也。或云:子醇初与西人对阵,兵未交,子醇命军士百余人装为讶鼓队,绕出军前,虏见皆愕眙①,进兵奋击,大破之。"《朱子语类》(卷一百三十九)亦云:"如舞讶鼓,其间男子、妇人、僧道、杂色无所不有,但都是假的。"

舞队 《武林旧事》(卷二)所记舞队,全与前二者相似。今列其目(原著所列之目略)。

其中装作种种人物,或有故事。其所以异于戏剧者,则演剧有定所,此则巡回演之。然后来戏名、曲名中多用其名目,可知其与戏剧非毫无关系也。

---

① 愕眙(chì):惊视。

元剧之结构

　　元剧以一宫调之曲一套为一折。普通杂剧,大抵四折,或加楔子。按《说文》(六):"楔,櫼也。"今木工于两木间有不固处,则斫木札入之,谓之楔子,亦谓之櫼。杂剧之楔子亦然,四折之外,意有未尽,则以楔子足之。昔人谓北曲之楔子即南曲之引子,其实不然。元剧楔子或在前,或在各折之间,大抵用【仙吕·赏花时】或【端正好】二曲。唯《西厢记》第二剧中之楔子,则用【正宫·端正好】全套,与一折等,其实亦楔子也。除楔子计之,仍为四折。唯纪君祥之《赵氏孤儿》,则有五折,又有楔子,此为元剧变例。又张时起之《赛花月秋千记》,今虽不存,然据《录鬼簿》所纪,则有六折。此外无闻焉。若《西厢记》之二十折,则自五剧构成,合之为一,分之则仍为五。此在元剧中,亦非仅见之作。如吴昌龄之《西游记》[①],其书至国初尚存,其著录于《也是园书目》者云四卷,见于曹寅《楝亭书目》者云六卷。明凌濛初《西厢序》云:"吴昌龄《西游记》有六本。"则每本为一卷矣。凌氏又云:"王实甫《破窑记》《丽春园》《贩茶船》《进梅谏》《于公高门》,各有二本;关汉卿《破窑记》《浇花旦》,亦各有二本。"此必与《西厢记》同一体例。此外,《录鬼簿》所载,如李文蔚有《谢安东山高卧》,下注云"赵公辅次本";而于赵公辅之《晋谢安东山高卧》下,则注云"次本"。武汉臣有《虎牢关三战吕

---

① 指《唐三藏西天取经》,元代北曲杂剧,非后来的《西游记》小说。

布》,下注云"郑德辉①次本";而于郑德辉此剧下,则注云"次本"。盖李、武二人作前本,而赵、郑续之,以成一全体者也。余如武汉臣之《曹伯明错勘赃》,尚仲贤之《崔护谒浆》,赵子祥之《太祖夜斩石守信》《风月害夫人》,赵文殷之《宦门子弟错立身》,金仁杰之《蔡琰还朝》,皆注"次本"。虽不言所续何人,当亦续《西厢记》之类。然此不过增多剧数,而每剧之以四折为率,则固无甚出入也。

　　杂剧之为物,合动作、言语、歌唱三者而成。故元剧对此三者,各有其相当之物。其纪动作者曰"科",纪言语者曰"宾"、曰"白",纪所歌唱者曰"曲"。元剧中所纪动作皆以"科"字终,后人与"白"并举,谓之"科白",其实自为二事。《辍耕录》纪金人院本,谓教坊魏、武、刘三人鼎新编辑,魏长于念诵,武长于筋斗,刘长于科泛。科泛,或即指动作而言也。宾白,则余所见周宪王②自刊杂剧,每剧题目下即有"全宾"字样。明姜南《抱璞简记》(《续说郛》卷十九)曰:"北曲中有全宾全白,两人相说曰宾,一人自说曰白。"则宾白又有别矣。臧氏《元曲选序》云:"或谓元取士有填词科,(中略)主司所定题目外,止曲名及韵耳。其宾白则演剧时伶人自为之,故多鄙俚蹈袭之语。"填词取士说之妄,今不必辨。至谓宾白为伶人自为,其说亦颇难通。元剧之词,大抵曲白相生;苟不兼作白,则曲亦无从作,此最易明之理也。今就其存者言之,则《元曲选》中百种,无不有白,此犹可诿

---

① 即郑光祖,字德辉。元代戏曲家。
② 即朱有燉,封周王,谥号宪,明杂剧作家。

为明人之作也;然白中所用之语,如马致远《荐福碑》剧中之"曳刺"①、郑光祖《王粲登楼》剧中之"点汤"②,一为辽、金人语,一为宋人语,明人已无此语,必为当时之作无疑。至《元刊杂剧三十种》,则有曲无白者诚多,然其与《元曲选》复出者,字句亦略相同,而有曲白相生之妙,恐坊间刊刻时删去其白,如今日坊刊脚本然。盖白则人人皆知,而曲则听者不能尽解。此种刊本当为供观剧者之便故也。且元剧中宾白鄙俚蹈袭者固多,然其杰作,如《老生儿》等,其妙处全在于白,苟去其白,则其曲全无意味。欲强分为二人之作,安可得也?且周宪王时代去元未远,观其所自刊杂剧,曲白俱全,则元剧亦当如此,愈以知臧说之不足信矣。

元剧每折唱者止限一人,若末若旦③,他色则有白无唱;若唱,则限于楔子中;至四折中之唱者,则非末若旦不可。而末若旦所扮者,不必皆为剧中主要之人物;苟剧中主要之人物于此折不唱,则亦退居他色,而以末若旦扮唱者,此一定之例也。然亦有出于例外者,如关汉卿之《蝴蝶梦》第三折,则旦之外,俫儿④亦唱。尚仲贤之《气英布》第四折,则正末扮探子唱,又扮英布唱。张国宾之《薛仁贵》第三折,则丑⑤扮禾旦⑥上唱,正末复扮

---

① 曳刺:衙役。
② 点汤:宋代送客时以沸水冲茶,称"点汤",因而代指送客。
③ 末:戏剧中中年男子角色。旦:女角。
④ 俫儿:元杂剧中的儿童角色。
⑤ 丑:戏剧中的丑角。
⑥ 禾旦:宋元戏中的年轻村妇角色。

伴哥①唱。范子安之《竹叶舟》第三折，则首列御寇唱，次正末唱。然《气英布》剧探子所唱已至尾声，故元刊本及《雍熙乐府》所选，皆至尾声而止，后三曲或后人所加。《蝴蝶梦》《薛仁贵》中，俅及丑所唱者，既非本宫之曲，且刊本中皆低一格，明非曲。《竹叶舟》中，列御寇所唱明曰道情②，至下【端正好】曲，乃入正剧。盖但以供点缀之用，不足破元剧之例也。唯《西厢记》第一、第四、第五剧之第四折，皆以二人唱。今《西厢》只有明人所刊，其为原本如此，抑由后人窜入，则不可考矣。

　　元剧脚色中，除末、旦主唱，为当场正色外，则有净有丑，而末、旦二色支派弥繁。今举其见于元剧者，则末有外末、冲末、二末、小末；旦有老旦、大旦、小旦、旦俅、色旦、搽旦、外旦、贴旦等。《青楼集》云："凡伎以墨点破其面为花旦。"元剧中之色旦、搽旦殆即是也。元剧有外旦、外末，而又有外；外则或扮男，或扮女，当为外末、外旦之省。外末、外旦之省为外，犹贴旦之后省为贴也。按《宋史·职官志》："凡直馆院，则谓之馆职；以他官兼者，谓之贴职。"又《武林旧事》(卷四)"乾淳教坊乐部"，有衙前，有和顾，而和顾人中，如朱和、蒋宁、王原全下，皆注云"次贴衙前"，意当与贴职之贴同，即谓非衙前而充衙前(衙前，谓临安府乐人)也。然则曰冲、曰外、曰贴，均系一义，谓于正色之外，又加某色以充之也。此外见于元剧者，以年龄言，则有若孛老③、

---

① 伴哥：宋元戏中的乡村少年角色。
② 道情：道士演唱的道教故事曲子。
③ 孛(bèi)老：老年男子角色。

卜儿①、俫儿；以地位、职业言，则有若孤、细酸、伴哥、禾旦、曳剌、邦老，②皆有某色以扮之，而其自身则非脚色之名，与宋、金之脚色无异也。

元剧中歌者与演者之为一人，固不待言。毛西河《词话》独创异说，以为演者不唱、唱者不演。③然《元曲选》各剧明云"末唱""旦唱"；《元刊杂剧》亦云"正末开"或"正末放"，则为旦、末自唱可知。且毛氏"连厢"之说，元、明人著述中从未见之，疑其言犹蹈明人杜撰之习；即有此事，亦不过演剧中之一派，而不足以概元剧也。

演剧时所用之物，谓之"砌末"。焦理堂《易余籥录》（卷十七）曰："《辍耕录》有'诸杂砌'之目，不知所谓。按元曲《杀狗劝夫》祗从④取砌末上，谓所埋之死狗也；《货郎旦》外旦取砌末付净科，谓金银财宝也；《梧桐雨》正末引宫娥挑灯拿砌末上，谓七夕乞巧筵所设物也；《陈抟高卧》外扮使臣引卒子捧砌末上，谓诏书缥帛也；《冤家债主》和尚交砌末科，谓银也；《误入桃源》正末扮刘晨、外扮阮肇带砌末上，谓行李包裹或采药器具也；又净扮刘德引沙三、王留等将⑤砌末上，谓春社中羊酒、纸钱之属

---

① 卜儿：老妇人角色。
② 孤：官员。细酸：书生。邦老：盗匪。
③ 此处疑为王国维误读，《西河词话》中称，"古歌舞不相合，歌者不舞，舞者不歌"，至金有连厢，带唱带演，元代发展为"歌者""舞者"合为一人。
④ 祗从：侍从。
⑤ 将：拿。

也。"余谓焦氏之解砌末是也;然以之与杂砌相牵合,则颇不然。杂砌之解,已见上文,似与砌末无涉。砌末之语虽始见元剧,必为古语。按宋无名氏《续墨客挥犀》(卷七)云:"问:'今州郡有公宴,将作曲,伶人呼细末将来,此是何义?'对曰:'凡御宴进乐,先以弦声发之,然后众乐和之,故号丝抹将来。'今所在起曲,遂先之以竹声,不唯讹其名,亦失其实矣。"又张表臣《珊瑚钩诗话》(卷二)亦云:"始作乐必曰'丝抹将来',亦唐以来如是。"余疑"砌末"或为"细末"之讹,盖"丝抹"一语既讹为"细末",其义已亡,而其语独存,遂误视为"将某物来"之意,因以指演剧时所用之物耳。

元剧之文章

　　元杂剧之为一代之绝作,元人未之知也。明之文人始激赏之,至有以关汉卿比司马子长①者(韩文靖邦奇)。三百年来,学者、文人大抵屏元剧不观,其见元剧者,无不加以倾倒,如焦理堂《易余籥录》之说,可谓具眼矣。焦氏谓一代有一代之所胜,欲自楚骚以下撰为一集,汉则专取其赋,魏晋六朝至隋则专录其五言诗,唐则专录其律诗,宋专录其词,元专录其曲。余谓律诗与词固莫盛于唐、宋,然此二者果为二代文学中最佳之作否,尚属疑问。若元之文学,则固未有尚于其曲者也。元曲之佳处何在?一言以蔽之,曰:自然而已矣。古今之大文学,无不以自然胜,而

---

① 即司马迁,字子长,西汉史学家,作《史记》。

莫著于元曲。盖元剧之作者,其人均非有名位、学问也;其作剧也,非有藏之名山、传之后人之意也。彼以意兴之所至为之,以自娱娱人。关目①之拙劣所不问也,思想之卑陋所不讳也,人物之矛盾所不顾也。彼但摹写其胸中之感想与时代之情状,而真挚之理与秀杰之气时流露于其间。故谓元曲为中国最自然之文学,无不可也。若其文字之自然,则又为其必然之结果,抑其次也。

明以后传奇,无非喜剧,而元则有悲剧在其中。就其存者言之,如《汉宫秋》《梧桐雨》《西蜀梦》《火烧介子推》《张千替杀妻》等,初无所谓先离后合、始困终亨之事也。其最有悲剧之性质者,则如关汉卿之《窦娥冤》,纪君祥之《赵氏孤儿》。剧中虽有恶人交构其间,而其蹈汤赴火者,仍出于其主人翁之意志,即列之于世界大悲剧中,亦无愧色也。

元剧关目之拙,固不待言。此由当日未尝重视此事,故往往互相蹈袭,或草草为之。然如武汉臣之《老生儿》、关汉卿之《救风尘》,其布置、结构,亦极意匠惨淡②之致,宁较后世之传奇有优无劣也。

然元剧最佳之处,不在其思想、结构,而在其文章。其文章之妙,亦一言以蔽之,曰:有意境而已矣。何以谓之有意境? 曰:写情则沁人心脾,写景则在人耳目,述事则如其口出是也。古诗词之佳者无不如是,元曲亦然。明以后,其思想、结构尽有胜于

---

① 关目:戏曲中的情节。
② 意匠:诗文、绘画的构思。惨淡:费尽心力地。

前人者,唯意境则为元人所独擅。兹举数例以证之。其言情、述事之佳者,如关汉卿《谢天香》第三折:

【正宫·端正好】我往常在风尘为歌妓,不过多见了几个筵席,回家来,仍作个自由鬼。今日倒落在无底磨牢笼内!

马致远《任风子》第二折:

【正宫·端正好】添酒力,晚风凉,助杀气,秋云暮,尚兀自脚趄趔醉眼模糊。他化的我一方之地都食素,单则俺杀生的无缘度。

语语明白如画,而言外有无穷之意。又如《窦娥冤》第二折:

【斗虾蟆】空悲戚,没理会,人生死,是轮回。感著这般病疾,值著这般时势,可是风寒暑湿,或是饥饱劳役,各人症候自知。人命关天关地,别人怎生替得?寿数非干一世,相守三朝五夕。说甚一家一计,又无羊酒缎匹,又无花红财礼。把手为活过日,撒手如同休弃。不是窦娥忤逆,生怕旁人论议,不如听咱劝你,认个自家晦气。割舍的一具棺材停置,几件布帛收拾,出了咱家门里,送入他家坟地。这不是你那从小儿年纪指脚的夫妻①,我其实不关亲,无半点凄怆泪。休得要,心如醉,意似痴,便这等嗟嗟怨怨、哭哭啼啼。

此一曲直是宾白,令人忘其为曲。元初所谓当行家,大率如此。至中叶以后,已罕觏矣。其写男女离别之情者,如郑光祖《倩女离魂》第三折:

【醉春风】空服遍暝眩药不能痊,知他这腌臜病何日起?要好时直等的见他时,也只为这症候因他上得,得。一会家缥缈呵,忘了魂灵;一会家精细呵,使著躯壳;一会家混沌呵,不知天地。

【迎仙客】日长也,愁更长;红稀也,信尤稀;春归也,奄然人未归。我则道,相别也数十年;我则道,相隔著数万里。为数归期,则那竹院里刻遍琅玕翠。

此种词,如弹丸脱手,后人无能为役。唯南曲中《拜月》《琵琶》②差能近之。至写景之工者,则马致远《汉宫秋》第三折:

【梅花酒】呀!对著这迥野凄凉,草色已添黄。兔起早迎霜,犬褪得毛苍,人搠起缨枪,马负著行装,车运著粮,打猎起围场。他、他、他伤心辞汉主,我、我、我携手上河梁;他

---

① 指脚的夫妻:结发夫妻。
② 《拜月亭》《琵琶记》。

部从入穷荒,我銮舆返咸阳。返咸阳,过宫墙;过宫墙,绕回廊;绕回廊,近椒房;近椒房,月昏黄;月昏黄,夜生凉;夜生凉,泣寒螀;泣寒螀,绿纱窗;绿纱窗,不思量!

【收江南】呀!不思量,便是铁心肠;铁心肠,也愁泪滴千行。美人图今夜挂昭阳,我那里供养,便是我,高烧银烛照红妆。

(尚书云)陛下回銮罢,娘娘去远了也。(驾唱)

【鸳鸯煞】我煞①大臣行说一个推辞谎,又则怕笔尖儿那火编修讲。不见那花朵儿精神,怎趁那草地里风光?唱道伫立多时,徘徊半晌,猛听的塞雁南翔,呀呀的声嘹亮,却原来满目牛羊,是兀那载离恨的毡车半坡里响。

以上数曲,真所谓写情则沁人心脾,写景则在人耳目,述事则如其口出者。第一期之元剧,虽浅深、大小不同,而莫不有此意境也。

古代文学之形容事物也,率用古语,其用俗语者绝无。又所用之字数亦不甚多。独元曲以许用衬字故,故辄以许多俗语,或以自然之声音形容之,此自古文学上所未有也。兹举其例,如《西厢记》第四剧第四折:

【雁儿落】绿依依,墙高柳半遮;静悄悄,门掩清秋夜;疏剌剌,林梢落叶风;昏惨惨,云际穿窗月。

---

① 现行本多作"我则索"。

【得胜令】惊觉我的是颤巍巍竹影走龙蛇,虚飘飘庄周梦蝴蝶,絮叨叨促织儿无休歇,韵悠悠砧声儿不断绝。痛煞煞伤别,急煎煎好梦儿应难舍,冷清清的咨嗟,娇滴滴玉人儿何处也?

此犹仅用三字也。其用四字者,如马致远《黄粱梦》第四折:

【叨叨令】我这里稳丕丕土炕上迷䬡没腾①的坐,那婆婆将粗剌剌陈米喜收希和②的播,那蹇驴儿柳阴下舒著足乞留恶滥③的卧,那汉子去脖项上婆娑没索④的摸。你则早醒来了也么哥,你则早醒来了也么哥,可正是窗前弹指时光过。

其更奇绝者,则如郑光祖《倩女离魂》第四折:

【古水仙子】全不想这姻亲是旧盟,则待教袄庙火刮刮匝匝烈焰生,将水面上鸳鸯忒楞楞腾分开交颈,疏剌剌沙鞴雕鞍撒了锁鞚,厮琅琅汤偷香处喝号提铃,支楞楞争弦断了不续碧玉筝,吉丁丁珰精砖上摔破菱花镜,扑通通东井底坠

---

① 迷䬡(biāo)没腾:迷迷糊糊。
② 喜收希和:象声词,模拟簸米的声音。
③ 乞留恶滥:形容睡姿难看。
④ 婆娑没索:反复抚摸的样子。

银瓶。①

又无名氏《货郎旦》剧第三折,则用叠字,其数更多:

【货郎儿六转】我则见黯黯惨惨天涯云布,万万点点潇湘夜雨。正值著窄窄狭狭沟沟堑堑路崎岖,黑黑黯黯彤云布,赤留赤律潇潇洒洒断断续续出出律律忽忽鲁鲁阴云开处,霍霍闪闪电光星注;正值著飕飕摔摔风,淋淋渌渌雨,高高下下凹凹答答一水模糊,扑扑簌簌湿湿渌渌疏林人物,却便似一幅惨惨昏昏潇湘水墨图。

由是观之,则元剧实于新文体中自由使用新言语,在我国文学中,于《楚辞》《内典》外,得此而三。然其源远在宋、金二代,不过至元而大成。其写景、抒情、述事之美,所负于此者实不少也。

元曲分三种,杂剧之外,尚有小令、套数。小令只用一曲,与宋词略同;套数则合一宫调中诸曲为一套,与杂剧之一折略同。但杂剧以代言为事,而套数则以自叙为事,此其所以异也。元人小令、套数之佳,亦不让于其杂剧。兹各录其最佳者一篇,以示其例,略可以见元人之能事也。

小令《天净沙》(无名氏。此词《庶斋老学丛谈》及元刊《乐

---

① 此曲中刮刮匝匝、忔楞楞腾等四字词均为拟声。

府新声》均不著名氏。《尧山堂外纪》以为马致远撰,朱竹垞《词综》仍之,不知何据):

枯藤老树昏鸦,小桥流水人家,古道西风瘦马。夕阳西下,断肠人在天涯。

套数《秋思》(马致远。见元刊《中原音韵》《乐府新声》):

【双调·夜行船】百岁光阴如梦蝶,重回首,往事堪嗟。昨日春来,今朝花谢,急罚盏,夜阑灯灭。

【乔木查】秦宫汉阙,做衰草牛羊野,不恁渔樵无话说。纵荒坟横断碑,不辨龙蛇。

【庆宣和】投至狐踪与兔穴,多少豪杰,鼎足三分半腰折,魏耶? 晋耶?

【落梅风】天教富,不待奢,无多时好天良夜。看钱奴硬将心似铁,空辜负锦堂风月。

【风入松】眼前红日又西斜,疾似下坡车,晚来清镜添白雪,上床与鞋履相别。莫笑鸠巢计拙,葫芦提一就装呆。

【拨不断】利名竭,是非绝,红尘不向门前惹,绿树偏宜屋角遮,青山正补墙东缺,竹篱茅舍。

【离亭宴煞】蛩吟罢,一枕才宁贴;鸡鸣后,万事无休歇;算名利,何年是彻? 密匝匝蚁排兵,乱纷纷蜂酿蜜,闹穰穰蝇争血。裴公绿野堂①,陶令白莲社②。爱秋来那些?和露滴黄花,带霜烹紫蟹,煮酒烧红叶。人生有限杯,几个登高节?嘱咐与顽童记者:便北海③探吾来,道东篱醉了也。

《天净沙》小令绝是天籁,仿佛唐人绝句。马东篱《秋思》一套,周德清评之,以为万中无一。明王元美④等亦推为套数中第一,诚定论也。此二体虽与元杂剧无涉,可知元人之于曲,天实纵之,非后世所能望其项背也。

元代曲家,自明以来称关、马、郑、白。然以其年代及造诣论之,宁称关、白、马、郑为妥也。关汉卿一空依傍⑤,自铸伟词,而其言曲尽人情,字字本色,故当为元人第一。白仁甫、马东篱高华雄浑,情深文明;郑德辉清丽芊绵,自成馨逸,均不失为第一流。其余曲家皆在四家范围内,唯宫大用⑥瘦硬通神,独树一帜。以唐诗喻之,则汉卿似白乐天,仁甫似刘梦得,东篱似李义山⑦,德辉似温飞卿,而大用则似韩昌黎;以宋词喻之,则汉卿似柳耆卿,仁甫似苏东坡,东篱似欧阳永叔,德辉似秦少游,大用似张子野。虽地位不必同,而品格则略相似也。明宁献王⑧曲品

---

① 唐代裴度辞官归隐,筑绿野堂。
② 白莲社:东晋净土宗结社,陶渊明归隐后经常前往。
③ 即孔融,东汉文学家,曾任北海国国相。以好结交朋友著名。
④ 即王世贞,字元美。
⑤ 一空依傍:完全独创,全不模仿。
⑥ 即宫天挺,字大用。
⑦ 即李商隐,字义山,唐代诗人。
⑧ 即朱权,封宁王,谥号献。

跻马致远于第一,而抑汉卿于第十。盖元中叶以后,曲家多祖马、郑,而祧汉卿,故宁王之评如是,其实非笃论也。

元剧自文章上言之,优足以当一代之文学;又以其自然故,故能写当时政治及社会之情状,足以供史家论世之资者不少。又曲之多用俗语,故宋、金、元三朝遗语所存甚多。辑而存之、理而董之,自足为一专书。此又言语学上之事,而非此书之所有事也。

余　论

一

由此书所研究者观之,知我国戏剧汉、魏以来,与百戏合,至唐而分为歌舞戏及滑稽戏二种;宋时滑稽戏尤盛,又渐藉歌舞以缘饰故事。于是向之歌舞戏不以歌舞为主,而以故事为主,至元杂剧出而体制遂定。南戏出而变化更多,于是我国始有纯粹之戏曲;然其与百戏及滑稽戏之关系亦非全绝。此于第八章论古剧之结构时已略及之。元代亦然。意大利人马可·波罗游记中,记元世祖时曲宴礼节云:"宴毕撤案,伎人入,优戏者、奏乐者、倒植者、弄手技者,皆呈艺于大汗之前,观者大悦。"则元时戏剧亦与百戏合演矣。明代亦然。吕毖《明宫史》(木集)谓:"钟鼓司过锦之戏约有百回,每回十余人不拘。浓淡相间,雅俗并陈,全在结局有趣。如说笑话之类,又如杂剧故事之类,各有引旗一对,锣鼓送上。所装扮者,备极世间骗局俗态,并闺阃拙妇騃①男,及市井商匠、刁赖词讼、杂耍把戏等项。"则与宋之杂扮略同。至杂耍把戏,则又兼及百戏,虽在今日,犹与戏剧未尝全无关系也。

二

由前章观之,则北剧、南戏皆至元而大成,其发达亦至元代而止。嗣是以后,则明初杂剧,如谷子敬、贾仲明辈,矜重典丽,尚似元代中叶之作;至仁、宣间,而周宪王有燉,最以杂剧知名,其所著见于《也是园书目》者共三十种。即以平生所见者论,其所自刊者九种,刊于《杂剧十段锦》者十种,而一种复出,共得十八种。其词虽谐稳,然元人生气至是顿尽,且中颇杂以南曲,且每折唱者不限一人,已失元人法度矣。此后唯王渼陂九思、康对山海,皆以北曲擅场;而二人所作《杜甫游春》《中山狼》二剧,均鲜动人之处。徐文长渭之《四声猿》,虽有佳处,然不逮元人远甚。至明季所谓杂剧,如汪伯玉道昆、陈玉阳与郊、梁伯龙辰鱼、梅禹金鼎祚、王辰玉衡、卓珂月人月所作,搜于《盛明杂剧》中者,既无定折,又多用南曲,其词亦无足观。南戏亦然。此戏明中叶以前作者寥寥,至隆、万后始盛,而尤以吴江沈伯英璟、临川汤义仍显祖为巨擘。沈氏之词以合律称,而其文则庸俗不足道;汤氏才思诚一时之隽,然较之元人,显有人工与自然之别。故余

---

① 騃(ái):呆。

谓北剧、南戏限于元代,非过为苛论也。

三

杂剧、院本、传奇之名,自古迄今,其义颇不一。宋时所谓杂剧,其初殆专指滑稽戏言之。孔平仲《谈苑》(卷五):"山谷云:作诗正如作杂剧,初时布置,临了须打诨。"吕本中《童蒙训》亦云:"如作杂剧,打猛诨入,却打猛诨出。"《梦粱录》亦云:"杂剧全用故事,务在滑稽。"故第二章所集之滑稽戏,宋人恒谓之杂剧,此杂剧最初之意也。至《武林旧事》所载之官本杂剧段数,则多以故事为主,与滑稽戏截然不同,而亦谓之杂剧,盖其初本为滑稽戏之名,后扩而为戏剧之总名也。元杂剧又与宋官本杂剧截然不同。至明中叶以后,则以戏曲之短者为杂剧,其折数则自一折以至六七折皆有之,又舍北曲而用南曲,又非元人所谓杂剧矣。

院本之名义亦不一。金之院本与宋杂剧略同。元人既创新杂剧,而又有院本,则院本殆即金之旧剧也。然至明初,则已有谓元杂剧为院本者,如《草木子》所谓"北院本特盛,南戏遂绝"者,实谓北杂剧也。顾起元《客座赘语》谓,南都万历以前大席"则用教坊打院本,乃北曲四大套者",此亦指北杂剧言之也。然明文林《琅琊漫钞》(《苑录汇编》卷一百九十七)所纪太监阿丑打院本事,与《万历野获编》(卷二十六)所纪郭武定家优人打院本事,皆与唐、宋以来之滑稽戏同,则犹用金、元院本之本义也。但自明以后,大抵谓北剧或南戏为院本。《野获编》谓"逮本朝,院本久不传;今尚称院本者,犹沿宋、元之旧也。金章宗时,董解元《西厢》尚是院本模范"云云。其以《董西厢》为院本固误,然可知明以后所谓院本,实与戏曲之意无异也。

传奇之名,实始于唐。唐裴铏所作《传奇》六卷,本小说家言,为传奇之第一义也。至宋,则以诸宫调为传奇,《武林旧事》所载诸色伎艺人,诸宫调传奇有高郎妇、黄淑卿、王双莲、袁太道等。《梦粱录》亦云:"说唱诸宫调,昨汴京有孔三传,编成传奇、灵怪,入曲说唱。"即《碧鸡漫志》所谓"泽州孔三传首唱诸宫调古传,士大夫皆能诵之"者也。则宋之传奇,即诸宫调,一谓之古传,与戏曲亦无涉也。元人则以元杂剧为传奇,《录鬼簿》所著录者均为杂剧,而录中则谓之传奇。又,杨铁崖①《元宫词》云:"《尸谏灵公》演传奇,一朝传到九重知。奉宣赍与中书省,诸路都教唱此词。"按《尸谏灵公》乃鲍天祐所撰杂剧,则元人均以杂剧为传奇也。至明,人则以戏曲之长者为传奇(如沈璟《南九宫谱》等),以与北杂剧相别。乾隆间,黄文旸编《曲海目》,遂分戏曲为杂剧、传奇二种。余曩作《曲录》,从之。盖传奇之名,至明凡四变矣。

戏文之名出于宋、元之间,其意盖指南戏。明人亦多用此语,意亦略同。唯《野获编》始云:"自北有《西厢》,南有《拜月》,杂剧变为戏文,以至《琵琶》,遂演为四十余折,几倍杂剧。"则戏曲之长者,不问北剧、南戏,皆谓之戏文,意与明以后所谓传

---

① 即杨维桢,号铁崖,元末明初诗人。

奇无异。而戏曲之长者,北少而南多,故亦恒指南戏。要之,意义之最少变化者,唯此一语耳。

四

至我国乐曲与外国之关系,亦可略言焉。三代之顷,庙中已列夷蛮之乐。汉张骞之使西域也,得《摩诃兜勒》之曲以归,至晋吕光平西域,得龟兹之乐,而变其声。魏太武平河西得之,谓之西凉乐;魏、周之际,遂谓之国伎。龟兹之乐,亦于后魏时入中国。至齐、周二代,而胡乐更盛。《隋志》谓:"齐后主唯好胡戎乐,耽爱无已,于是繁乎淫声,争新哀怨,故曹妙达、安未弱、安马驹之徒,至有封王开府者(曹妙达之祖曹婆罗门,受琵琶曲于龟兹商人,盖亦西域人也),遂服簪缨而为伶人之事。后主亦能自度曲,亲执乐器,悦玩无厌,使胡儿、阉官之辈齐唱和之。"北周亦然。太祖辅魏之时,得高昌伎,教习以备飨宴之礼。及武帝天和六年,罗掖庭四夷乐,其后帝娉皇后于北狄,得其所获康国、龟兹等乐,更杂以高昌之旧,并于大司乐习焉。故齐、周二代并用胡乐。至隋初,而太常雅乐,并用胡声;而龟兹之八十四调,遂由苏祗婆、郑译而显。当时九部伎,除清乐、文康为江南旧乐外,余七部皆胡乐也。有唐仍之,其大曲、法曲,大抵胡乐,而龟兹之八十四调,其中二十八调尤为盛行。宋教坊之十八调,亦唐二十八调之遗物;北曲之十二宫调与南曲之十三宫调,又宋教坊十八调之遗物也。故南北曲之声,皆来自外国。而曲亦有自外国来者,其出于大曲、法曲等,自唐以前入中国者且勿论,即以宋以后言之,则徽宗时番曲复盛行于世。吴曾《能改斋漫录》(卷一)云,徽宗"政和初有旨,立赏钱五百千,若用鼓板改作北曲子,并著北服之类,并禁止,支赏。其后民间不废鼓板之戏,第改名太平鼓"云云。至"绍兴年间,有张五牛大夫听动鼓板,中有【太平令】",因撰为赚(见上)。则北曲中之【太平令】与南曲中之【太平歌】皆北曲子。又第四章所载南宋赚词,其结构似北曲而曲名似南曲者,亦当自番曲出。而南北曲之赚,又自赚词出也。至宣和末,京师街巷鄙人多歌番曲,名曰【异国朝】【四国朝】【六国朝】【蛮牌序】【蓬蓬花】等,其言至俚,一时士大夫皆能歌之(见上)。今南北曲中尚有【四国朝】【六国朝】【蛮牌儿】,此亦番曲,而于宣和时已入中原矣。至金人入主中国,而女真乐亦随之而入。《中原音韵》谓:"女真【风流体】等乐章,皆以女真人音声歌之。虽字有舛讹,不伤于音律者,不为害也。"则北曲双调中之【风流体】等,实女真曲也。此外,如北曲黄钟宫之【者剌古】,双调之【阿纳忽】【古都白】【唐兀歹】【阿忽令】,越调之【拙鲁速】,商调之【浪来里】,皆非中原之语,亦当为女真或蒙古之曲也。

以上就乐曲之方面论之。至于戏剧,则除《拨头》一戏自西域入中国外,别无所闻。辽、金之杂剧院本,与唐、宋之杂剧结构全同。吾辈宁谓辽、金之剧皆自宋往,而宋之杂剧不自辽、金来,较可信也。至元剧之结构,诚为创见;然创之者实为汉人。而亦大用古剧之材料与古曲之形式,不能谓之自外国输入也。

至我国戏曲之译为外国文字也,为时颇早。如《赵氏孤儿》,则法人特赫尔特(Du Halde)[①]实译于千七百六十二年,至一千八百三十四年,而儒莲(Julian)又重译之。又英人德庇时(Davis)之译《老生儿》在千八百十七年,其译《汉宫秋》在千八百二十九年。又,儒莲所译,尚有《灰阑记》《连环计》《看钱奴》,均在千八百三四十年间。而巴赞(Bazin)氏所译尤多,如《金钱记》《鸳鸯被》《赚蒯通》《合汗衫》《来生债》《薛仁贵》《铁拐李》《秋胡戏妻》《倩女离魂》《黄粱梦》《昊天塔》《忍字记》《窦娥冤》《货郎旦》,皆其所译也。此种译书,皆据《元曲选》;而《元曲选》百种中,译成外国文者已达三十种矣。

[①] 中文名杜赫德,法国耶稣会士,汉学家。